THINKING ABOUT ARCHITECTURE

An Introduction to Architectural Theory

思考建筑

建筑理论导论

[英] 柯林·戴维斯 著

刘文豹 周雷雷 译

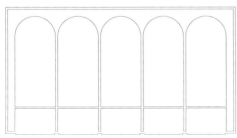

江苏凤凰科学技术出版社 · 南京

图书在版编目 (CIP) 数据

思考建筑：建筑理论导论 / (英) 柯林·戴维斯著；刘文豹，周雷雷译 . -- 南京：江苏凤凰科学技术出版社, 2025.1

ISBN 978-7-5713-4331-6

Ⅰ. ①思… Ⅱ. ①柯… ②刘… ③周… Ⅲ. ①建筑理论 Ⅳ. ① TU-0

中国国家版本馆 CIP 数据核字 (2024) 第 071592 号

思考建筑：建筑理论导论

著　　　　者	[英国]柯林·戴维斯
译　　　　者	刘文豹　周雷雷
项 目 策 划	凤凰空间/孙　闻
责 任 编 辑	赵　研
责任设计编辑	蒋佳佳
特 约 编 辑	孙　闻

出 版 发 行	江苏凤凰科学技术出版社
出 版 社 地 址	南京市湖南路1号A楼，邮编：210009
出 版 社 网 址	http://www.pspress.cn
总 　 经 　 销	天津凤凰空间文化传媒有限公司
总 经 销 网 址	http://www.ifengspace.cn
印　　　　刷	雅迪云印（天津）科技有限公司

开　　　　本	710 mm×1 000 mm　1/16
印　　　　张	12.5
字　　　　数	160 000
版　　　　次	2025年1月第1版
印　　　　次	2025年1月第1次印刷

标 准 书 号	ISBN 978-7-5713-4331-6
定　　　　价	88.00元

图书如有印装质量问题，可随时向销售部调换（电话：022-87893668）。

中央高校基本科研业务费专项资金资助

中央美术学院自主科研项目资助

目录

引言
Itroduction

20世纪50年代,建筑理论在欧美只是一门敷衍门面的学问。它混杂了有关构图的旧观念——这些观念自从建筑专业的学生被要求了解古典柱式的那一刻起,一直延续至今;它也混杂了由20世纪10—20年代的现代主义宣言所衍生出来的关于形式与功能的新思考;还混杂了旨在使设计流程更为合理化与科学化的大量研究。在思想建树方面,这门学科并没有什么野心。[1] 理论必须依附于实践,这似乎是证明其存在的唯一途径。到了20世纪60年代中期,那些现代主义思想已经成为正统观念,并且开始显得有些陈旧。处于该专业边缘的教师和作家陆续提出质疑:难道建筑这门学问真的只是用来解决实际问题的吗?难道建筑一定要亦步亦趋地紧跟产业发展的步伐吗?例如在意大利,阿尔多·罗西(Aldo Rossi)在其《城市建筑学》(L'architettura della città)一书中试图重新建立起对前现代欧洲城市的尊重,该书于1966年首次出版(1982年出版了英文版,The Architecture of the City)。而曼弗雷多·塔夫里(Manfredo Tafuri)则在他的《建筑与乌托邦》(Progettoe Utopia)一书中将马克思主义理论引入建筑学,该书于1973年首次出版(1976年出版了英文版,Architecture and Utopia)。与此同时,美国建筑师罗伯特·文丘里(Robert Venturi)于其著作《建筑的复杂性与矛盾性》(Complexity and Contradiction in Architecture, 1966年出版)中为新的后现代主义批判奠定了基础;而由麻省理工学院主办的杂志《反对派》(Oppositions)开始发表由彼得·艾森曼(Peter Eisenman)、柯林·罗(Colin Rowe)和艾伦·科洪(Alan Colquhoun)等建筑师或思想家撰写的观点鲜明的学术文章。

接着,两条截然不同的哲学线索开始崭露头角:一是现象学方法,典型表现为法国哲学家加斯东·巴什拉(Gaston Bachelard)所著的《空间的诗学》(The Poetics of Space)在建筑师、教师和学生之间广为流传,而且一个古老的观念——即建筑可以视为一种语言,又重新为人所关注。大约在同一时期,另一个是名为"结构主义"(Structuralism)的新文学批评方法引起各大院校英文系(English departments)的激烈讨论。结构主义源自于法国。不久之后法国批判理论——以克洛德·列维-施特劳斯(Claude Lévi-Strauss)、米歇尔·福柯(Michel Foucault)、罗兰·巴特(Roland Barthes)以及雅克·德里达(Jacques Derrida)等思想家为代表,开始进入建筑理论这一相对较窄的文化领域。突然间,建筑理论似乎可以毋需成为建筑设计实践的附庸。随着法国批判理论的介入,建筑理论本身就有可能发展成为一个有价值的哲学分支。不久,英、美两国的大学便开设了针对这种建筑新理论的

阿尔多·罗西的插画作品《类比城市》(*Cit-tà Analoga*)，层层叠叠的图像拼贴类似于这座城市的历史，一层又一层。

研究生课程。² 人们开始专门研究建筑理论，而且求学者也并非都是建筑师。实践与理论之间的联系亦被削弱。如今，建筑理论主要被视为一种批判的形式，不仅针对单个建筑物，而且也对整座城市以及建筑与现代生活之间的关系进行批判。建筑理论开始获得独立地位，并形成自己的语言，自己的写作形式，自己的智库。它成了一种微型经济，通过出版书籍、撰写文章和研究项目为某些专业研究生提供参考；接着，这些研究生继续撰写更多的书籍、文章和研究报告。

一门自成体系的专业

这种新的建筑理论对建筑师和建筑教育者而言并不适用，甚至对通常意义上的建筑评论家也影响甚微，更不要说那些只是对建筑感兴趣以及热爱建筑的非专业人士了。新的建筑理论是为另外一些建筑理论家所准备的。这有什么问题吗？或许没有。如果不采取足够严格而深入的方式，探究理论本身就可能无法带来学识上的回报。然而，建筑理论已经成为一门自成体系的专业。它不易理解，其语言难以学习，其方法不好掌握，这就意味着它与建筑这一文化领域的其余部分无法交流。例如在建筑院校中，专业课采用以项目为基础的设计教学。理论教学要么被分解为短期而孤立的课程，要么在不定期举办的讲座和研讨会当中以碎片化的形式进行授课。这些讲座和讨论活动如同潮水般灌输给了大多数以实用为目的的学生，以及侧重于视觉形象表达的学生。这种教学安排根本无法提供充足的时间，无法为展开哲学概论这类必要的教学进行铺垫。而那种新建筑理论也切实地屏蔽了其他相关建筑理论的发展，实际上后者可能有助于从业设计师强化并阐明自己的思考。

总体而言，现在的情况依然如此。从大多数对建筑感兴趣的人的视角来看，目前的建筑理论学科存在四种主要弊病。第一种是对新奇的事物过度关注。像大多数学科一样，建筑理论也允许百家争鸣，最好的竞争方式便是推陈出新。而在过去，这通常意味着要去发掘一位尚无人知晓的哲学家。因此，就在我们刚刚弄明白结构主义的时候——例如费尔迪南·德·索绪尔（Ferdinand de Saussure）的语言分析原则——现象学家随之而来，他说我们必须阅读莫里斯·梅洛-庞蒂（Maurice Merleau-Ponty），或许还有马丁·海德格尔（Martin Heidegger）的理论。然后，像伯纳德·屈米（Bernard Tschumi）和彼得·艾森曼（Peter Eisenman）这样的前卫建筑师又找来了雅克·德里达的"解构"（deconstruction）（如此诱人的建筑名称），并开始将之应用于建筑。当我们好不容易熟悉了这个理论时（如果可能的话），大家又开始谈论吉尔·德勒兹（Gilles Deleuze）以及他的概念与建筑相关联的可能性，例如他的"褶皱"（the fold）。当然，我并非暗示上述理论发展有任何落伍或遗憾之处，或者这种开拓新领域的精神就不应该受到鼓励。但是学科发展争先恐后、不断进取，它很快便把非专业人士远远甩到了后面。一位哲学家接着又出现另一位哲学家，风靡一时。每位哲学家——他或者她——都被视为掌握了全部答案。

第二种弊病是：建筑理论的重点落在了知名哲学家本人，而非那些对建筑师可能有用的主题思想。如果建筑理论对我们理解建筑——无论是我们自己的设计，还是他人的方案——有所帮助的话，我们都不希望自己被淹没于某位哲学家毕生的著作当中，毕竟其中只有很少一部分与我们的实际问题相关。这里我要再次声明，我并不反对任何人尝试去探究德里达或德勒兹的思想深度。但这样的专题研究对于我们迫切需要理解或者传达某些基本思想来说，可能并不适用。这些基本思想包括有关建筑的意义，或者有关设计与自然过程的关系。我们应该保留向哲学家学习的权利，而不必成为哲学家。曾有一家出版社推出了一系列图书，其中有《建筑师解读海德格尔》（*Heidegger for Architects*）和《建筑师解读德勒兹与加塔利》（*Deleuze and Guattari for Architects*）等[3]。这是一个很棒的选题。但它仍需要我们通过特定的哲学思维，逐一去了解这些理论。而此时，我们真正需要的是一种按主题划分的方式，将哲学思考聚焦于我们感兴趣的领域。

第三种弊病是晦涩的问题。我们知道，有些学科确实很难理解，需要掌握特殊的语言才能明白其中的概念。量子物理学就是一个恰当的例子。从这个意义上讲，建筑理论也难以理解吗？回答大概是肯定的。不过，这也有其合理之处。上述情况在各类精英文化当中都很普遍，这正体现了知识的供求规律。为了在任何特定的文化领域当中保持专家地位，人们需要了解一些几乎无人知晓的东西——思想、理论和某些书籍的内容。懂的人越少，这些知识就越有价值；如果路人皆知的话，它们就一文不值了。因此，对知识进行保护并让它在有限的范围内传播，是一个不错的策略。当然，这些知识还是有必要让人们了解，并且认识到其价值的。因此，完全将它视为机密也并非良策，保持其市场价值才至关重要。在这里，市场价值不一定是货币价值，尽管它可能间接地涉及货币价值。我们通常指的是学术权威和学术地位。控制思想传播的一种方式是让这些思想不易理解，并且需要以一种通过事先学习并需熟练掌握的代码或特殊语言来谈论它们。许多建筑理论就是以这样的语言撰写的。下面就是一个典型的例子，选自1994 年发表于《建筑教育杂志》(*Journal of Architectural Education*) 的一篇文章，题名为《表达与误传：关于建筑理论》(*Representations and Mis-representations*: *On Architectural Theory*)。以下内容为其引言部分。

> 建筑理论界的一个最新趋势是方法论的推导，从后结构主义对表达的批评到对建筑生产、建筑表达与建筑权力的三角关系进行阐述。文章通过采用马克·威格利（Mark Wigley）的典范文本，对该理论探索（或者是任何理论探索）未受其揭示的权力所影响提出质疑。文章认为这种矛盾的特征在于，理论的关注点由建筑的多重主张转向了理论自身的生产。文章亦阐明这种理论探索的后果，避免了接触由非发散性的建筑思想所产生的阻力。[4]

这一类的写作无比抽象——一连串让人不知所云的拉丁语词汇，令读者疲于奔命——即便是谙熟此类文风的人阅读起来也毫不轻松。请记住，这还只是文章的引言，它以粗体字刊登在页面顶部，按道理应该写得更为轻松、更吸引人才对。另请注意，该文章基于马克·威格利先前发表的一篇文章，题名为《巴别塔的产生，建筑之转译》(*The Production of Babel, the Translation of Architecture*)；而马克·威格利的文章又是根据雅克·德里达的一篇题名为《欲望栖息的建筑》(*Architecture where the Desire May Live*) 的文章所写成。文章的基本思想非常重要——哲学经常以建筑作为隐喻，反过来它又对建筑理论产生有趣的影响。然而在文章中,作者脱离了所有直观的或者是有形的事物,远离了任何一般意义上可识别的建筑,例如房屋。大多数读者,即使他们了解建筑并且懂得许多建筑知识,也会很快放弃读懂这篇文章。它对广义上的建筑毫无用处。然而就文章作者而言,重要的事情在于维持其高高在上的门槛,保持其在有限的建筑理论市场当中的价值。

第四种弊病其实在前文中已经提到过,理论越来越脱离实践。理论与实践实际上已经分道扬镳。而建筑院校仍在讲授理论课程(否则,它又该去哪儿安家呢?),并将其作为一门独立的专业。它不再局限于建筑学科范围之内。当然,打破学科之间的壁垒可能是一件好事,也是一件有必要做的事情——这是由长久以来结构与内容之间的紧张关系造成的;也是从学科藩篱之类的事务中解放出来的愿望与明确学科立场以及学科如何定位这一类需求两者之间紧张关系造成的。然而在这种情况下,此时此刻,有必要恢复到一种平衡的状态——即重新建立理论与实践之间的沟通渠道,重新为理论接上地气,防止其飘入云端,成为一门纸上谈兵的空头学问。

这就是本书的出发点。它并不排斥过去几十年里建筑理论所取得的新成果,而是将它们吸收进来,与早期的理论相衔接,内容力求清晰而非炫目。由于理论家放弃了将读者循循善诱地引入他们的研究领域(建筑领域),使这些理论丧失了被人们理解的机会,因此本书力图直面读者。它采用简明的语言,而非专业术语;它尝试将事情解释清楚,而不是理所当然地认为读者都具备那些不切实际的、深刻的理论素养。关于图书的编排,它既非以编年方式,又非以传记形式,而是按照主题进行划分。它既不是一本建筑理论史读物,也不是知名哲学家的导读。人名在书中只是顺带提及,也可以从脚注和参考书目中进一步查找。本书的重点,放在了建筑理论思想本身。

为了理解建筑所有的文化复杂性,我们必须掌握一些基本的建筑概念,例如再现(representation)、类型学(typology)、建构(tectonics)、语言隐喻(language metaphor)、有机隐喻(organic metaphor)、和谐比例(harmonic proportion)以及作者身份(authorship)。本书会对这些以及其他一些概念作最基本的介绍。有时候,书中也会对那些显而易见却容易被忽视的事物进行重述并重新审视,这将是有益的,而且是有启发性的。不过,这毕竟不是一本儿童读物,这些概念的发展有时会变得相当微妙并且饱含深意,其中包括许多最新的建筑理论成果。阅读本书,或许有助于读者直接进入专业领域,但这并非本书的主要意图。本书的主要目的在于向设计师、教师、学生以及建筑爱好者介绍一系列建筑思想。这些思想将充实他们之间的交谈，充实他们的写作，最重要的是，丰富他们对于建筑的思考。

什么是建筑？

在我们开始研究一些基本概念之前，我们首先应该对这个即将探索的领域建立一个整体认识，该领域就是我们所说的"建筑"。什么是建筑？这恐怕是任何一本有关建筑理论的书籍都要提出的第一个问题。对此，词典给出的解释是"房屋的设计"。那么，这里所指的建筑包含所有房屋吗？还是仅指其中的一部分？20世纪的建筑史学家尼古拉斯·佩夫斯纳（Nikolaus Pevsner）认为林肯大教堂（Lincoln Cathedral）是一座建筑，而自行车车棚仅仅是一栋房屋。对于他来说，一栋房屋必须"以美学品位"来设计，才能被称为建筑。然而，像我们这些心怀平等主义观念的人则更希望废除这种等级区别，并将建筑的概念进行扩展，以至囊括那些甚至最不起眼的构筑物。当然，即便是一座自行车车棚也可以很美观，不是吗？话又说回来，如果所有的房屋都是建筑，那么这个词也就没什么特别意义了。我们不妨直接谈论"房屋"。或许，对我们更有益的是将建筑的意义和内涵一一列出来，并问问自己在实践当中"建筑"一词究竟意味着什么？如果这样做的话，我们就会发现，从最普遍意义上讲，它指的是一个专业文化领域，有几类人会在其中争夺社会与文化资本。该领域不仅包括建筑师及他们的工作，也涉及与建筑相关的其他一切事情，包括其价值观、意识形态、专业技能、术语、行为规范、行业机构、教育、历史、书籍、杂志、展览、赞助体系、杰出人物、神话英雄和经典建筑等。令人惊讶的是，该领域并不包含大多数最普通的房屋。例如，大众住宅——可能是最常见的建筑类型——通常被排除在文化领域的建筑之外。在建筑历史书籍、杂志或展览中，我们也看不到由开发商建造的大量城郊居住区。建筑领域并非一个抽象的概念，而是一种具体的社会形态。因此，它充满了不完美与荒谬，可以说需要来一场大刀阔斧的改革。然而，推动此类改革并非本书的写作目的。本书旨在讨论建筑领域的事情，并尽可能准确地描述其理论部分，以期对未来的改革者有所帮助。

建筑只是西方文化的一个小分支。尽管如此，它的影响仍然遍及整个西方国家，即使在相对遥远的非西方社会也是如此。这并不是说它就代表了唯一的建筑传统。中国、日本、印度、中东、非洲以及前哥伦布时期的美洲，都有自己悠久的建筑历史，甚至可以追溯至远古时代。然而在 20 世纪和 21 世纪的全球化浪潮中，正是西方建筑传统取得了主导地位。因此，本书所援引的例子大多数来自这一传统。某些例子可能有点随意、偏颇，这也是受作者的背景与学识的局限。通常，也许有些案例从非西方传统当中选择，也同样具有说服力。例如，书中列举了日本的伊势神宫、印度南部的达罗毗荼印度教寺庙（Dravidian Hindu Temples）或者摩洛哥的民居。但在其他情况下，例如讨论"和谐比例"时，只有西方的案例比较恰当。或许有些读者会觉得，这种前后不统一的方式难以适应。但这既是一本实用性的读物，也是一本建筑理论书籍。其目的并不在于别出心裁，而是力图为既定领域的新来者提供一份指南。而该领域正如历史本身一样，是不够完整的，也存在着偏见，并且五花八门。

原文引注

1　有关设计过程引人入胜且雄心勃勃的书籍之一便是克里斯托弗·亚历山大（Christopher Alexander）的《形式综合论》（*Notes on the Synthesis of Form*）（哈佛大学出版社，1964 年）。亚历山大之后又写了几本关于建筑理论的更有影响力的书籍，包括《模式语言》（*A Pattern Language*）（牛津大学出版社，1977 年）和《建筑的永恒之道》（*The Timeless Way of Building*）（牛津大学出版社，1979 年）。

2　1968 年，在达利博尔·韦塞利的协助下，约瑟夫·赖克沃特（Joseph Rykwert）于埃塞克斯大学（University of Essex）开设了英国第一门"建筑历史与理论"研究生课程。大约在同一时间，纽约建筑与城市研究所（IAUS）正与普林斯顿大学、哥伦比亚大学和耶鲁大学的建筑学院建立了联系。参见 'Invention in the Shadow of History：Joseph Rykwert at the University of Essex'by Helen Thomas in *Journal of Architectural Education*，vol58，no.2，November 2004，p39-45.

3　The Thinkers for Architects 系列图书由 Taylor Francis 出版社出品。

4　Andrea Kahn，'Representations and Misrepresentations：On Architectural Theory，in *Journal of Architectural Education*，vol.47，no.3，February1994，p162.

第 1 章 再现
Reprensentation

下面这段话，出自达利博尔·韦塞利（Dalibor Vesely）《形式再现求异时代的建筑》（*Architecture in the Age of Divided Representation*）一书的导言：

> 按照传统的理解，再现似乎是一种次要和衍生的问题，它与具象艺术（representational arts）的作用密切相关。然而经过深思熟虑之后，我们会惊讶地发现，再现的问题竟然如此重要，如此普遍。[1]

上面这段话继承并发展了这样一种观念，即建筑是一种具象艺术，正如绘画和雕塑一样。这怎么可能呢？建筑一定只是设计房屋吗？大多数房屋的主要功能是为人类各种活动遮风避雨的吗？房屋是实用之物，它与船只或者桥梁，抑或是雨伞没有什么不同。一幅肖像画可以再现某个人。类似的，如何才能够以同样的方式让一座房屋再现其他事物？建筑与绘画和雕塑又有什么样的联系？绘画和雕塑是具象艺术，对此我们毫不怀疑。即便是一幅抽象画，也似乎表达了某种东西，一些无形的或者难以名状的体验，如某种情感或困境。也许正是因为绘画没有明显的实用功能，人们才赋予它再现功能。出于同样的原因，难道因为建筑确实具有显著的实用功能，就应该去除其再现功能吗？那么，为什么理论家们坚持认为，建筑经常（或者总是）表达了某种超越自身的事物？针对这个问题，我将以古希腊神庙为例来阐述一些可能的答案。之所以选择古希腊神庙，出于以下几个原因：首先是因为古希腊神庙路人皆知，容易想象；其次，古希腊神庙与我们的日常生活经验十分遥远，具有一定的简洁性和纯粹性；最后，因为它们总是被视为西方建筑最初的原型。然而，本篇并非关于古希腊神庙的专论。文中所述观点原则上适用于所有建筑。

雕塑与建筑

显而易见的是，当建筑包含绘画或者雕塑时，它就具备了再现性。有一座极为著名的古代建筑——帕特农神庙（parthenon），可以作为绝佳例证。帕特农神庙是雅典的一座著名庙宇，神庙上镶嵌着一条带状的浅浮雕——泛雅典娜饰带（panathenaic frieze），其表面最初有彩绘。人们认为，它再现了这座古老的城市每年举办的一场游行——以庆祝该神庙所供奉的雅典娜女神的诞辰。19 世纪初期，埃尔金勋爵（Lord Elgin）① 从这座神庙的遗址当中移走了大部分饰带，并将其陈列于大英博物馆；然而在当初，它就像条带一样缠绕于"内殿"（cella）顶部或者神庙的围护墙体，位于"列柱中庭"（peristyle）② 或者室外柱廊的背面。它不像悬挂于墙面的绘画那样，是添加到建筑中的附属物，而是用建造墙壁的石材现场雕刻而成。因此，它是（建筑与雕塑）真正意义上的"融合"。这当然是再现性的。实际上，泛雅典娜饰带被认为是整个西方传统当中具象艺术的最高典范之一。当它首次运抵伦敦时，就被当时英国杰出的雕塑家约翰·弗拉克斯曼（John Flaxman）描述为"我所见过的最令人赏心悦目的东西"。[2]

但它是建筑吗？当然不算，它只是建筑表面的装饰，对于建筑的功能而言绝非不可或缺之物。这是事实，尽管有人可能会反问，这座建筑真正的功能到底是什么。毕竟，雅典娜女神并非真的需要遮风避雨。也许这座建筑的真正功能恰恰在于它为纪念性雕塑提供了一个外框，包括那尊高达十米、镶嵌有黄金和象牙的女神雕像。这座雕塑遗失已久，原本矗立于昏暗的室内。而那些表现神话场景的雕塑，例如雅典娜的诞生以及她与波塞冬的战斗，实际上是由屋顶两端的山墙或"三角形楣饰"（pediments）③ 所框定。此类雕塑中的大部分也被埃尔金勋爵搬走了。当你在大英博物馆近距离观察它们时，你会发现雕塑家是多么富于创造性，居然能将这些人像雕塑置于其所在的、尴尬的楔形空间之内。显而易见，房屋框架要早于雕塑存在。换句话说，建筑要优先于雕塑。此外，并非所有的古希腊神庙都配备了再现性的饰带（friezes）或三角形楣饰区域的雕塑，因此我们不能说它们是神庙建筑的基本组成部分。我们只能说，架构雕塑（sculpture-framing）顶多只是建筑的次要功能。

---

① 埃尔金勋爵，即埃尔金勋爵七世。他出生于苏格兰贵族家庭，本名为托马斯·布鲁斯（Thomas Bruce，1766—1841），是英国著名的外交官和艺术收藏家。1799—1803 年期间担任英国驻君士坦丁堡大使，1802—1812 年间埃尔金勋爵购得一部分帕特农神庙石雕，后运回英国。这些石雕最后卖给大英博物馆，并很快成为该馆最珍贵的馆藏。埃尔金所购买的大理石石雕是帕特农神庙的雕塑作品中最精华的部分。（本书底注除特别说明，均为译者注。）

② 列柱中庭是古希腊建筑及古罗马建筑中的一种形式，指建筑中央的庭园被柱廊包围的情况。在古罗马时期，列柱中庭属于富裕人家住宅的常见建筑特征，被视为古典时代上流社会生活的标志之一。

③ 即三角形山墙，通常位于古典希腊式建筑入口门廊的顶部。

雅典的帕特农神庙，从山门或入口看向雅典卫城的经典视角——四分之三侧视角度。这也许是整个建筑历史上最为人熟知的图像，因此可以作为本书恰当的起始点。古希腊神庙轻松地为我们阐释了再现性的问题。

帕特农神庙中泛雅典娜饰带的局部。它表现了众神阿波罗、阿尔忒弥斯以及波塞冬会面并交谈的场景，他们全身放松的姿势令人赞叹。该饰带是从内殿墙壁顶部直接雕刻出来的——现在大部分都保存于大英博物馆中。那么，它可以作为建筑再现的一个案例吗?

　　那么，说到这里，建筑仍然与再现无关。不过，雕塑并非帕特农神庙中唯一的艺术石作。显然，功能性的建筑组成部分（如列柱、横梁以及屋顶挑檐）也都经过艺术的雕刻加工，只是其手法更抽象一些。例如，柱子顶部或柱头采用平板造型，坐落在精美且隆起的石墩顶部。石柱之上是上横梁。就在上横梁的顶部，有一块浮雕面板，称为额板。额板上雕刻了拉庇泰人（Lapiths）与肯陶洛斯人（Centaurs）之间的战争 ④（其中有许多都被埃尔金给拆走了）。额板与三槽板（triglyphs）在此交替出现——三槽板以抽象的、楔形凹槽作为装饰。因此，再现与抽象在这里并存。然而，两者之间的区别并不像看上去那

④　该故事源于古希腊神话。它讲述了肯陶洛斯人参加拉庇泰人的婚宴，喝醉酒之后强抢拉庇泰妇女，由此双方展开了激烈斗争的故事。

帕特农神庙的上横梁雕刻出的三槽板与额板，额板上刻画了神话人物，例如拉庇泰人和肯陶洛斯人；三槽板是再现性的，它再现了该神庙原初的木结构样式中屋顶横梁端头的做法。

么显著。大多数考古学家认为，古希腊最早的神庙由木材建造，如今残留下来的石头结构保留了古代木构技术的某些特征。三槽板就是一个绝佳的例子。这些三槽板可能标记了原初木结构屋顶横梁的位置。也就是说，它们根本不是真正的抽象表现，因为它们代表了一种原始结构的特征。如果我们认可这一点，那么我们只能将整座建筑视为一件雕塑作品，通过石头对原始木结构进行再现。那些木头的庙宇，众神的居所，则是部落酋长的住宅所要再现的；反过来，酋长的住宅又是普通百姓的住宅进一步所要再现的。这与我们在传统的具象绘画和雕塑当中看到的再现形式不太一样。这座建筑所表达的是它同类的某种东西——另一座建筑，或者它自己曾经的样子——而不是人物或风景之类的东西。尽管如此，我们似乎已经找到了一种方法，可以说整座建筑（而不仅仅是其雕塑部分）是再现性的。

　　在建筑历史书当中，处处都是再现其他建筑物的建筑。我们甚至可以进一步指出，从这个简单的意义上讲，"再现"几乎就是建筑的普遍特征。几个世纪以来，西方建筑师一直都在模仿古代建筑，例如我们在帕特农神庙中所看到的那些细节，并用它们来装饰自己的建筑。漫步于任何欧美城市的古老街道，你几乎都会在店面外墙的顶部发现上述细节的翻版，有 19 世纪的翻版，有 20 世纪的，数不胜数。一连串的再现——翻版、翻版、再翻版，每次翻版都是对其原型重新诠释，有时会对标准样式做一些改动或者以新的方式进行组合，有时则又会重返纯粹的原初形态——也就是所谓的古典传统。这一传承与发展的故事，构成了西方建筑历史的大部分篇章。

石柱与人像

就在帕特农神庙的附近，雅典卫城的高台之上，矗立着另一座古老的庙宇——伊瑞克提翁神庙（Erechtheion）。在这里，我们可以看到一个雕塑融入建筑的更为清晰的实例。神庙南墙向外突出一个基座，或者说是讲坛，讲坛面向帕特农神庙，由一个平屋顶覆盖。该屋顶以"女像柱"作为支撑——女像柱即呈女性形象的圆柱。那么我们应该将这些石柱视为雕塑还是建筑呢？它们显然一点也不抽象，同时也不属于纯粹功能性的构件。古罗马建筑理论家马尔库斯·维特鲁威·波利奥（Marcus Vitruvius Pollio）[5] 在他的专著《建筑十书》（*De Architectura*）中告诉我们，女像柱表现的是斯巴达人在洗劫加里亚城（Caria）杀光所有男人后所俘获的女子。我们无需轻信维特鲁威的描述。因为在古代世界中，神话与历史事实并非完全一致，而且不管怎么说，将这些特定的石柱人像称为"女像柱"也是相对近代的事。从现代及考古学的意义上讲，这些人像以及通常的古典建筑细节，其"真实"的起源以及意义仍然模糊不清。例如，爱奥尼柱式的涡卷纹柱头，就像那些支撑伊瑞克提翁神庙的其他两个门廊的石柱一样，都是程式化地再现了祭祀用的公羊角。它高高地悬挂于建筑上，正如战利品一样。而其他的一些装饰特征，或许也有类似仪式性的起源，比如垂花饰（swags and festoons）、卵形与舌形交替的线饰（egg and tongue mouldings）、莨苕叶形饰（acanthus leaves）与山墙饰物（acroter-

---

[5]　维特鲁威是古罗马时期的建筑理论家、建筑师和工程师，活跃于公元前 1 世纪。他的《建筑十书》是世界上遗留至今的第一部完整的建筑学著作，也是现在仅存的古罗马技术论著。该书在建筑与历史领域有着极为重要的地位。

ia）。对此我们仍然没有确切答案。它们依旧保持着神秘，也正因此使得这些留存于世的古代建筑尤为引人注目。

我们还是回到女像柱。无论其起源如何，在伊瑞克提翁神庙设计师的脑海当中，石柱与站立人像两者之间存在联系，这似乎显而易见。长久以来，建筑师和理论家们一直都这么认为。但我们能否说所有的古典柱式都在某种意义上代表了站立的人像呢？在进一步完善之后，该理论便提出：多立克柱式——就像帕特农神庙中的那些——代表了健壮的男性形象；爱奥尼柱式——就像伊瑞克提翁神庙中的那些——代表了成熟的女性形象；科林斯柱式（古希腊时期相对较晚出现的一种柱式类型）则代表了身材苗条的年轻女性形象。从考古学的角度来看，这一理论似乎疑点重重，但我们没有必要否定这一概念，它似乎以某种原始的方式与我们的内在体验相吻合。人类总是有意无意地将自己的特征投射到无生命的事物上。我们从云朵中看到巨人的形象，从树枝中看见握紧的拳头，从房屋的立面看到人的面庞，以及从古典柱式当中看到站立的人像。柱子的功能在于承重，我们之所以仿佛能感受到它们所承载的重量，是因为我们与柱子之间发生了移情作用，就如同我们与戏剧中的角色产生移情一样。女像柱是心理真实想法的艺术性表现。所以说，古典柱式表现了人体。到目前为止，我们还没有遇到过下面这种再现形式。它既不是像泛雅典娜饰带那样的图像式，也不是如古典传统那样的复制式，而是象征式的，此类表达更为微妙，也更加深刻。如今更为宽泛的理解是，建筑可以代表人类体验的方方面面。人站立并且负重，这似乎并不是什么特别重要的体验，然而却在平凡的自然当中蕴含着力量。这就是整个人类都能理解的东西，并且是共通的。

有时候我们必须研究司空见惯之物，并重申显而易见的道理，以便理解最基本的事实。例如，对于一个直立的人，必须站立于某个东西之上，即地面；地面——地球的表面，它对人体本身以及它所支撑的物体施加了重力吸引力。人体所能承受的载荷是有限的，这个限度取决于人体本身及其所在星球的特性。如果有了地面，那还必须要有天空，并且在两者之间还要有一条分界线，即地平线。人与地球之间展现了完美的和谐。不然它们还能怎样呢？人是从地球上进化而来的，在漫长的岁月当中不断地根据这些特定条件调节自身。从某种意义上说，正是这座星球孕育了人类。它们是密不可分的。地面和天空不只是当我们眺望风景的时候才存在，它们存在于我们生命中的时时

刻刻。这种经验对于人类来说如此基本，以至于我们认为它理所当然，而且从未想要谈论它。但或许我们应该这样做。也许我们错过了真相，它就潜伏于显而易见之处。如今人类可以在天空中自由翱翔并探索月球，我们比以往任何时候都需要警醒自己，地面和天空不仅仅是我们从客观科学的角度所观察的现象，而且也属于我们本质的一部分，封存于我们身体的外形与实质当中。正是地面与天空、地平线与重力、水平性与垂直性造就了今天的我们，让我们能够笔直而立，承受负荷。因此，当我们说古典柱式（或任何柱子）代表了一个站立的人像时，我们并不是在说一些微不足道的事。我们触碰到了建筑本质的一些基本东西。

伊瑞克提翁神庙，坐落于雅典卫城当中，与帕特农神庙相对而立。它是由对称性元素以非对称式构图组合而成。这座神庙采用了爱奥尼柱式，其柱头为涡卷纹形式或涡卷饰。然而，它们代表了什么呢？对此，我们没有确切答案。但它们可能源于祭祀用的公羊角——它高悬于建筑上，就像战利品一样。

建筑中的规律

是否存在其他的方式，使建筑能够象征我们无法避免的所谓"人类境况"这类东西呢？是的，它的确存在。规律性（regularity）就是我们通常用来描述建筑的一种特性。当我们以隐喻来解释建筑时，例如，当我们谈论一部小说的构架（architecture）时，我们其实在谈论有序的结构，即隐藏的规律——它将小说情节结合为一个整体，并使

伊瑞克提翁神庙女像柱，既是结构支柱，又是对人体的再现。在某种意义上，其他抽象的结构柱是否也能说是代表了站立的人呢？

其成为一个连贯的艺术品。再以帕特农神庙为例，请注意它的柱子是一模一样的，并且有规律地排列；其双坡屋顶是对称的，而其建筑转角为直角。实际上，任何学习古希腊建筑的人都知道，最后这句话并非完全正确。因为帕特农神庙的设计者对原本严格的数学规则进行了一些细微调整。例如，他们会将角柱微微向内倾斜。最初，你可能不会注意到这些。一但当你察觉之后，便会意识到实际上这是一个相当大的调整。它不易察觉，这一点非常重要。有一种理论认为，此类调整可以校正视差。因而从理论上说，如果所有柱子都均匀排列，那么角柱就会显得微微地向外倾斜。换句话说，柱列看上去变形了。因此，这些调整旨在体现规律性——尽管它们破坏了尺寸上的规则——这对古希腊建筑师来说极其重要。

　　建筑的规律有不同的种类与强度。对称即是一种规律。一座圆形穹顶的建筑，其对称性或许会比帕特农神庙之类的建筑更完美。后者呈现的是"左右"对称，而非"中心"⑥对称。迄今为止，左右对称

---

⑥　原书为"轴"（axial）对称，通过上下文判断，这里应该是"中心"对称。

是建筑当中最常见的一种形式。也许它属于某种再现性？人体呈左右对称，至少从外表来看是这样，而且这种对称性不仅能从外部观察到，而且也能从内部体验到。它影响了我们看待世界的方式，促使我们将其分为对立的二元——左和右，黑和白，好和坏，阴和阳，一个方面和另一个方面。因此，尽管古希腊神庙与人体之间毫无相似之处，它也具备了这种基本特性。从某种意识层面上可以说，它代表了这个方面的人类经验。建筑的对称性并非总是像帕特农神庙那样简单且统一。举个例子，伊瑞克提翁神庙在对称性方面就是分散而复杂的。该建筑的组成部分——讲坛、北门廊以及神庙的主体部分——各自都是对称的，然而在整体上建筑又是不对称的。尽管如此，除了这些变体以及其他类似的建筑之外，我们还可以说大多数建筑都表现出一定程度的规律性和对称性。而这种规律性和对称性同样适用于非古典和非西方的传统建筑——哥特式大教堂、玛雅金字塔还有中国宫殿，它们与古希腊神庙一样。它甚至适用于过去 100 年里的现代主义建筑，尽管该运动中的某些流派曾致力于推翻"过时"的概念，如通用的规律和特殊的对称。事实上，富有规律性是建筑不言而喻的道理。当建筑师设计不规则且完全不对称的建筑时——例如 20 世纪 90 年代的解构主义建筑，像丹尼尔·里伯斯金（Daniel Libeskind）设计的柏林犹太博物馆或者弗兰克·盖里（Frank Gehry）设计的毕尔巴鄂古根海姆博物馆——这些建筑在蓄意颠覆预期的准则时才有意义。而这也是上述建筑作品的意义。

然而，规律的含义究竟是什么？为什么建筑不应该毫无规律？为什么歪扭的柱子、倾斜的地板和菱形的平面就不应该成为常态呢？针对这些问题，答复往往采用"常识性"的功能理由：这不符合人们的习惯；它很难摆放家具；空间的实用性不强，诸如此类。与许多常识一样，这些假设主要是基于偏见，而不是理性分析的结果。规律性也可能源自建造方面的原因，这样更具说服力。比如可能有人会争辩说，将建筑中的所有立柱和横梁制作成大小一样的，这样造价将更低、施工将更快，而这样做不可避免地导致一种规则的直线型布局。这种解释体现了 20 世纪的鲜明特征。在大规模生产的时代，我们已经习惯了重复等于经济和效率这一概念。亨利·福特（Henry Ford）证明，如果想制造成千上万辆廉价汽车，就必须让它们一模一样。大概这一原理同样适用于建筑部件，尤其是当它们要在工厂中制造时。在 20 世纪中叶，某些建筑师感到十分焦虑，他们担忧工业化的建筑

柏林犹太博物馆由
丹尼尔·里伯斯金
设计。这座建筑的
不规则之处——歪
扭的墙壁，倾斜的
地板，随意布置的
窗户——或许表达
了很多不同的含义，
但其中之一是："我
非同寻常，因为我
并没有遵循你们所
期待的常规建筑当
中的规律性"。

施工方式可能会导致规律性太强，让所有建筑看上去如出一辙，使得
整体环境千篇一律，毫无生气。也许这种情况在某种程度上出现于
20 世纪 60—70 年代的高层住宅楼当中。然而，建筑的规律性难道永
远只是施工过程的权宜之计吗？难道这就是帕特农神庙所有立柱都雷
同的原因吗？当然，它们并非是由工厂批量化生产的。据我们所知，
神庙里的每块石头都由手工雕刻制成，不是在现场就是在其附近。该
神庙标准化的立柱以及其他重复性的部件，确实简化了施工过程的组
织工作。由于相关的历史记录很少，我们还不能明确，但有可能是由
一些泥瓦匠专门从事某些部件的制作——可能有人会专心制作柱头，
另外的人则致力于三槽板——这样就可以提高整个工程的速度和效
率。但我们也要当心，不要将 20 世纪的思维习惯（由于各种原因，
它们在 21 世纪已经变得不再适用了）投射到公元前 5 世纪的建筑师
和泥瓦匠们身上。

　　参观帕特农神庙——不管是雅典卫城的废墟，还是博物馆里流离
失所的碎片——人们很难相信追求速度与效率是其建造者当年主要考
虑的事。这是一座不朽的丰碑，是献给女神的居所，并且是一座伟大
城市的力量象征。对勒·柯布西耶（Le Corbusier）而言，帕特农神庙
是"人类有史以来最纯粹的艺术作品之一"[3]。该建筑是由重复的相同
部件组合而成，这一事实似乎与其永恒的象征意义有关，而非源于对

施工效率的追求，因为这么做建筑工期只需多延长几年而已。在现代世界中，我们更容易通过机器实现完美的标准化。哪怕是一件伟大的艺术作品，也能够复制成千上万遍，在世界各地展示，以供所有人欣赏。我们仍在努力消除机械化的力量不断复制带来的可怕影响，而现在我们还需要面对电子化的复制。按照 20 世纪哲学家瓦尔特·本雅明（Walter Benjamin）⑦ 的说法，对艺术作品进行复制将会损害其"灵光"。4 它不再具有之前的意义。或许它不再具有任何意义。但是在工业化时代之前，手工雕刻 46 根高 10 米的一模一样的大理石圆柱，几乎就是一个奇迹。这并不是什么容易的事，实现起来极为艰难，是品质与价值的标志。现代建筑从帕特农神庙之类的古建筑那里继承下来的规律性，其实与速度和效率毫无关系。它是象征性的，而非实际意义的。

建筑中的韵律

建筑中的规律有时会以另一个名称来表述：韵律。韵律是从音乐中借来的一个词语，它更为丰富、更引人入胜。音乐是一种艺术形式，它比绘画、雕塑或建筑更直接、更快速地作用于我们的思想和身体，因为它吸引我们参与其中：乐队开始演奏，一只脚打起拍子，有人翩翩起舞。"建筑是凝固的音乐"，这已是老生常谈，人们一般认为它是诗人歌德（Goethe）的名言。我们通常将建筑视为三维对象，然而建筑师和建筑理论家们则一直尝试着将第四个维度引入其中，并且想让建筑动起来。有一些建筑确实可以移动，但建筑的运动往往是一种想象。一排等距离排列的柱子（就像帕特农神庙侧面的那些），暗示了一种节奏简单的鼓点。可以通过改变柱子的间距，改变"一个小节中的节拍"的数量或者增加更多的柱子来改变节拍。伦敦圣保罗大教堂的主门廊由双层成对的立柱支撑，创造出一种相当复杂的节奏篇章，仿佛号角齐鸣或一阵紧锣密鼓。因此，建筑中的规律与音乐上的韵律具有相似之处。如果说建筑是蓄意"表达"音乐，或者它甚至是以立柱代表站立人像的方式来下意识地表达音乐，就言过其实了。

---

⑦　瓦尔特·本雅明（1892—1940），德国哲学家、文化评论者、折中主义思想家。他与法兰克福学派关系密切，并在美学理论和西方马克思主义等领域有深远的影响。本雅明代表性的著作有《机械复制时代的艺术作品》《迎向灵光消逝的年代》。

也许如下的表达会更恰当：音乐和建筑都具备韵律感，前者随着时间的流逝在声音当中创造出韵律，后者则在静态的材料构成中反映它。

不过在音乐和建筑中，韵律都是再现性的，它所代表的是人类生活的基本品质。带节拍的鼓声和成排的柱列都具有韵律感，因为它们是由富有节奏的人创造出来的，人在不断地呼吸，心脏在不停地跳动。如果单独一个柱子代表了一个站立的人像，那么一排柱子就代表了这个人在运动——在漫步，在奔跑，在游行，在舞蹈。人的动作本质上也是有韵律的。帕特农神庙中的规律性则是一种复合型的节奏：立柱、三槽板、三槽板上的楔形凹槽，像雨滴一样悬挂于三槽板底部的小"雨珠饰"（guttae）。在这一层次结构当中，它不仅呈现了人体的韵律，而且呈现了地球以及年、月、日的韵律，这是不是过于异想天开了？毕竟，这两个韵律系统是密切相关的。当我们凝视一座古希

伦敦圣保罗大教堂，由克里斯托弗·雷恩爵士（Sir Christopher Wren）设计。人们有时候会用音乐术语来描述建筑。圣保罗大教堂入口处柱子复杂的"韵律"就像是号角齐鸣。

腊神庙的时候，以这种高谈阔论式的语言来思考建筑要相对容易；然而，当面对普通住宅、工厂或办公大楼的时候则要难得多。不过，普普通通的现代建筑继承了其古老典范中的规律性和对称性，并且在最深的文化层面上，它们同样具有象征性和再现性。

建筑可以说具有再现性，至此我们已经明确了几种方式：建筑可以结合其他的具象艺术形式，如绘画和雕塑；它可以是（并且总是）另一座建筑或其自身早期原型的再现；通过简单的类比，建筑或建筑的局部可以表现其他重要物体，如人像；建筑的共同特征，如规律性和对称性，可以看作是人类经验方面的再现，就像双手的习惯或者是呼吸的节奏；而最后——也是对上一条的延伸——建筑可以当作反映建筑物（以及人类）在地球上存在的基本条件。

意义的重要性

然而，像这样冷冰冰地将各种不同的表达方式列出来，似乎漏掉了这些概念当中一些至关重要的东西。我们从建筑与肖像之间的简单对比开始，前者是抽象的和功能性的，后者是再现性的和非功能性的。至此，再现的概念最终发展得比我们刚开始所想到的要更广泛并且更深入。我们开始明白，它并非一种与特定艺术形式相关的局限的活动，而是人类感知的普遍特征。我们时时刻刻都在向自己以及向他人表达某种东西。这是我们了解周围世界的方式。没有了再现，我们在这个世界当中找不到任何意义。

这种从世界中探寻意义的能力，对我们来说如此自然，以至于我们忽略了它的存在。在清醒的时候，我们的头脑和身体不断地对周围的环境进行诠释。

人的感官按照原样采集原始数据，大脑则将这些数据转换成有意义的整体。我们将形状、颜色、声音和气味的特定组合与过去的经验进行比较，然后作出判断，例如自己正处于城市的某条街道上。这并非一个被动的过程。我们不是简单地看一看那里有什么，我们会对其进行诠释——加工、比较、综合，在体验当中寻找意义，或者主动地将意义投射于体验的过程。

要理解这种诠释能力，有一种方法是想象一下假如生活中没有它将会怎么样。这种想象并非不着边际，因为对于一些不幸的人来说，无意义的世界就是他们每天所面对的现实。临床神经病学家奥利弗·萨克斯（Oliver Sacks）[8] 为外行读者撰写过许多案例书籍。其中一本书是《误把夫人当成帽子的男人》（*The Man Who Mistook His Wife for a Hat*）。在这本书中，某位 P 博士来到萨克斯的诊室，抱怨自己的眼睛出了问题。萨克斯对他进行了全面检查，但没有发现任何异常。直到这位 P 博士将要离开之际，萨克斯才意识到，这位患者的问题在于难以识别日常物品：

> 他伸出手，抓住自己夫人的头，试图将它提起来并戴在自己的头上。他显然误认为自己夫人是一顶帽子！[5]

在后来的就诊中，萨克斯递给 P 博士一件服装用品，并请他用语言描述一下：

> "一个连续的表面"，他终于开口了，"向内卷。似乎有……五个外凸，如果这个词合适的话。"[6]

这是一个完美的科学描述，但显然 P 博士完全没有认出这是一只手套。

P 博士是一个聪明的人，他的视力或者他的任何感官系统都没有出问题，然而他的阐释系统出了故障，他再也无法从周围的世界中找到意义。萨克斯的这个案例看上去如此奇特，在于它证明了我们最初并未意识到自己所拥有的这种能力确实存在。

通过诠释，我们建立了一个内心世界，哲学家称之为"意向领域"（the intentional realm）。意向领域并非现实世界，但是从日常经验的角度来看，它有可能是真实存在的。哲学家认为，对我们大多数人来说，意向领域不可或缺而且无法忽视，因此它的真实性并不亚于现实世界。当我们实际改造自己周围环境的时候，比如建造一栋房子，我们在现实世界与意向领域之间便会展开某种形式的对话。我们只能建造在现实当中可以构筑的事物，而且我们也只能建造自己能够想象的事物，以及我们能够向自己和其他人表达的东西。

---

[8]　奥利弗·萨克斯（1933—2015）是一位经验丰富的神经病学专家，具有诗人气质的科学家，他在医学和文学领域均享有盛誉。他擅长以纪实文学的形式，充满人文关怀的笔触，将脑神经病人的临床案例写成一个个深刻感人的故事。

　　意向领域就像是一个有组织的矩阵。这个矩阵将那些连续不断、毫无差别的感官体验分解为易于处理的片段，然后再对这些片段进行分类，并将它们组成富有意义的整体。当我们看到一个连续性的表面，自身向内卷，并有五个外凸，此时我们会立马想到"手套"。当我们在一个颜色与纹理均匀的连续视域当中，看到一个洞口（interruption）时——具有规则的几何形状、划定了边线，而且是透明的——我们会立即想到并"看到"一扇窗户。我们并非天生具备这种能力。这必须通过学习获得，就像一门语言，或者至少是学习语言的一个前提条件。事实证明，语言为建筑思考提供了一种有益的类比。

原文引注

1　Dalibor Vesely, *Architecture in the Age of Divided Representation*: *The Question of Creativity in the Shadow of Production*, MIT Press, 2004, p4.

2　'Elgin Marbles' in *The Oxford Dictionary of Art* ed. Ian Chilvers, Oxford University press, 2004; http://www.enotes.com/oxford-art-encyclopedia/elgin-marbles

3　参见 Le Corbusier, *Towards a New Architecture*, Dover Publications, 1986, Chapter III.

4　"……在机械复制时代枯萎的是艺术作品的灵光。"引自 'The Work of Art in the Age of Mechanical Reproduction' in *Illuminations*: *Walter Benjamin*, Hannah Arendt, ed., Fontana, 1992, P.223.

5　Oliver Sacks, *The Man Who Mistook his Wife for a Hat*, *and Other Clinical Tales*, Picador, 2007（reprint）, p10.

6　ibid., p13.

第 2 章 语言
Language

在第 1 章中，我们不仅将建筑视为一种实用性的工艺，也将其看作一门再现性的艺术以及意义的传递者。从这个角度来看，它似乎能够讲述一个简单而又普遍的故事。这个故事是关于人类如何在地球上生活得有象征性，富有情境化和节奏性。如果建筑可以传达意义，并且能够讲述故事，那它也许是某种形式的语言吗？这种类比看上去天马行空。因为从许多方面来说，建筑和语言毫无相似之处。语言可以口述，可以聆听，也可以书写和阅读。无论哪种形式，它都是一个按线性发展的事件——能够随着时间绵延，正如音乐一样。相反，建筑则是静态的和空间化的，可以在三维空间上延展，并且能够立刻感知到——至少是在某些方面。然而，在建筑理论当中将建筑视为一种语言，或者至少类似于语言，这种观点屡见不鲜。当建筑历史学家约翰·萨默森（John Summerson）在 20 世纪 50 年代的一系列广播节目中讲解古典建筑时，他将主题定为"建筑古典语言"（The Classical Language of Architecture）[1]；当查尔斯·詹克斯（Charles Jencks）在 20 世纪 70 年代完成其开创性的关于后现代主义建筑风格著作时，他将书取名为《后现代建筑语言》（*The Language of Post-Modern Architecture*）[2]。

作为一种语言，建筑用一些显而易见的方式与我们对话。例如，建筑或许告诉我们它是什么类型，它有什么功能。它可能会说"我是一栋住宅"或者"我是一座火车站"。一定会是这样的，因为人们几乎不会将住宅误认为是火车站。这不只是建筑规模大小的差别。当然，我们也不会把火车站误认为是公寓楼。我们甚至不会将火车站误认为是重型机械厂，尽管两者的空间需求非常相似。我们似乎能够对建筑进行充分阅读，从中获得意义，进而在城市里行走自如。因此，建筑一定在某种方式上具备一种与口语或书面语相类似的功能。语言学家会说它们属于符号（signs），或更准确地说是"能指"（signifiers），而每一个"能指"都至少具备一个"所指"（signified）。因此，位于城镇中心的大型建筑便是一个能指，它代表的是一种建筑类型。该建筑类型其语言能指即"火车站"一词。

直接意指和含蓄意指

但事情远非那么简单。在语言中，能指通常具有不止一个所指，并且往往包含一整套分层次的所指——其重要性各不相同——铭刻于不同层次的读者的意识当中。这是诗歌创作的规律之一。在实用性的著作中，例如旅行指南，我们并不希望"火车站"一词还会代表建筑物之外的其他任何事物，因此这一切将简单明了。但是，如果这个词出现在一首诗中，我们可能会读出更多的东西。我们知道词语的主要含义是什么，但我们也会意识到其更深层次的次级含义。这些次级含义可能更为抽象："旅行""速度""豪华""准时"；而在另一个层次上则表达另一种含义："焦虑""浪漫相会""欢送""邂逅"。有时候，"直接意指"（denote）和"含蓄意指"（connote）可以用来区分这些不同层次的含义。能指的直接意指代表了其基本含义，但它也可能暗示一整套次级含义，即为"含蓄意指"。

如果建筑是一门语言的话，或许它也存在着直接意指和含蓄意指。建筑可能是一个纯粹功能性的构筑物，相当于一本旅行指南；它也可能是一首建造起来的诗歌，寓意丰富。不难想象，一座实际建成的火车站将如何传达上述所有这些更为抽象的含蓄意指。例如，伦敦的圣潘克拉斯火车站（St Pancras railway station）①就很好地说明了这一点。该火车站是一座维多利亚式建筑，2000 年经过翻新，并被改建为通往巴黎和其他欧洲城市的高速列车的终点站。在改造过程中，建筑师将火车站的旧棚顶保留了下来并进行修复，但由于它对于新的功能要求而言有点太短，因而不得不进行扩建。拆除它或许是一件更容易的事，但这样会毁掉整座建筑的氛围。换句话说，这么做会因为去除一些浪漫的含蓄意指而改变其含义。设计者想要强调这些含蓄意指，而非破坏它们。为什么他们在拱顶的正下方、空间聚焦之处，安置了一座大型青铜雕像——一对拥抱着的情侣，也许就是这个原因吧。这件雕像并没有太多需要揣摩的东西，它是"浪漫相会"这一概念相当直白的表述。更为成功的是附近著名的香槟酒吧，据说这是世界上最长的酒吧。它将桌子沿着站台呈单排线性排列，看上去就像一列敞开的火车。这足够清楚地表明其功能，同时也暗示了与铁路旅行相关的一些次级含义，例如速度、奢华和浪漫。因此在这种情况下，抽象的建筑比具象的雕塑更能传达富有诗意的东西。

请注意，一位演讲者或作家（或暗指一位建筑师），对于自己创造的作品的所有可能的含义或许知晓，或许并不了解。圣潘克拉斯火车站的建筑设计出自 W.H. 巴洛（W.H.Barlow）之手。他设计了火车棚

---

① 圣潘克拉斯火车站，亦称圣潘克拉斯国际火车站（St Pancras International），是位于英国伦敦圣潘克拉斯地区的一座大型铁路车站，坐落在大英图书馆与国王十字车站之间。

建筑是可以阅读的。左图这座建筑位于芬兰赫尔辛基，由埃利尔·萨里宁（Eliel Saarinen）设计，于 1910 年竣工。建筑的形式以及它与周围环境相联系的方式，清楚地传达出"我是一座火车站"的信息。此外，它可能也传达出一些更微妙的信息，例如赫尔辛基是一座重要的现代城市，或者传达一种铁路旅行的浪漫气氛。人们有时将这种建筑风格称为"民族浪漫主义"。右图是伦敦圣潘克拉斯火车站的一件大型雕像——一对相互拥抱的情侣，则将"火车站"这一信息以一种更粗略的、更直截了当的方式表达出来。

部分，然而位于其前部的哥特式复兴风格旅馆却是由乔治·吉尔伯特·斯科特（George Gilbert Scott）设计。其实在 1945 年英国电影《相见恨晚》（*Brief Encounter*）上映时，W.H. 巴洛早已离开人世。然而，对于部分英国民众而言，这部电影的浪漫色彩已成为（包括圣潘克拉斯火车站在内）所有古老火车站的挥之不去的隐含意义。语言是一种双向交流的过程，涉及读者（或听众）和作者（或演讲者），读者所接收到的意义（meaning）并不一定就是作者的本意。或许这样说更好，意义是作者和读者共同赋予的。

符号系统

如果说建筑和语言很像，那是因为两者都属于符号系统。对符号系统进行研究，或者更确切地说，人类文化的方方面面都可以作为一种符号系统来研究，这种思想被称为"符号学"。它与语言哲学的一个分支——结构主义——密切相关。要理解符号系统的工作原理，我们必须诉诸一些语言术语，尤其是要理解言语（parole）和语言（langue）之间的区别。（这两个词均来自法语，上述观点最早是由瑞士语言学家费尔迪南·德·索绪尔于 20 世纪初提出。）言语是指个人的话语，属于口语或书面语，例如说出来的话。语言则是指语言的整体，从某种意义上讲，它时时刻刻都存在，而且个人表达所用的词汇也是从语言当中选取出来的。我们可以形象地用一张图表来阐释这一点。其中，言语由横轴来表示——想象一下，随着时间延续我们从左读到右，就像读一个书面句子；语言则由纵轴来表示——想象一下，所有可能被选择的词语排列成行，置于实际被选取的单词下方。实际上，这一思想有很多不同的表述方式，不同的语言学家也会采用不同的词来替代言语和语言。有的人会将图表中的轴称为"历时"（dia-chronic）和"共时"（synchronic），表示它可以随着时间而延展，而且也可以同时采用。也有人将横轴称为"句法"，将纵轴称为"语义"，以强调"句法"（受语言的语法规则所支配）与"语义"（或意义生成）两者性质的不同。"消息与编码""历史与结构""有意识与无意识""个体与集体""转喻与隐喻""组合关系与联想关系"以及我们之前曾简要提过的"直接意指与含蓄意指"，这些都是言语与语言两者之间的不同表述。在音乐当中，旋律与和声之间的区别也可能是另一种表述形式，尽管这种类比并不完全准确。

在构造言语的时候，它不仅仅是为事物选择正确的词语这么简单——仿佛词与物之间的关系是固定不变的——认识到这一点极为重要。言语和语言的机制实际上比这要更微妙。它不仅包含了意义或者组织了意义，它也创造出了意义。在大多数情况下，一个词语和一件事物之间的关系完全是任意的。像"嗡嗡"或"隆隆"之类的拟声词，听起来的确就像它们所表示的声音，这类词可能属于例外。而像"住宅"或"车站"之类的普通词，仅仅指代它们所能代表的意思，这是经过漫长岁月，人们对此达成某种默契的结果。因此，词语的含义是由传统决定的，而非由词与物之间任何相似性决定。同时，词的意义也让人捉摸不定，它变化多端。同一个词可能意味着完全不同的事物。例如，"house"一词可以表示"居所"，但也可以表示"王室"或"占星"，或者是某种流行音乐风格的代名词（浩室音乐，House music）。词的意义会根据语境而变化，然而这里的语境所指的也并非只是文字本身所在的句子或言语。从那些冗长的语言候选词汇表当中挑选出一个词来，这些词汇表也是一种形式的语境。正是因为在听者的头脑中存在着其他可能的词语，才创造出了我们实际听到的这个词的意义。一个词的意义，正是基于它与其他词语存在着区别，才凸显出来。换句话说，意义并非积极的，而是被动的。一个词是由它所不能代表的其他一切事物所定义的。

当然在很多情况下，我们会故意使用"错误"的词，但仍期望能被别人理解。实际上，如果我们使用了错误的词，听众的理解反而可能会更丰富、更深刻。这就是所谓的隐喻。当洛伦佐（Lorenzo）在《威尼斯商人》（*The Merchant of Venice*）中声称："月光沉睡河岸，香甜无比！"的时候，他并非真的认为月光是香甜的，或者月光真的沉睡过去，或者任何一种他可以想象的现实世界中的情形。然而，这句话所表达的意思却无比清晰。[3] 莎士比亚选择"香甜"和"沉睡"等词，而非采用"美丽"和"闪耀"，这让整个句子充满了多种含义。从某种程度上来说，正是因为出其不意才创造出如此富有魅力的诗句。对于一个词或者短语来说，当其预期出现的可行性越小，它所蕴含的意义似乎就越丰富。像"日出而作"或"千方百计"这一类词，原本充满诗情画意，然而现在我们对它却无动于衷，因为它正是我们所期望听到的。相反，一个完全出乎意料的短语，如果我们将其约定俗成的含义几乎扩展至它的临界点的话，就有可能创造出一种令人震惊的效果。它可能还会让听众突然捧腹大笑。

类象符号、指示符号和抽象符号

所有这些东西该如何应用于建筑当中呢？有一点是明确的，其中有些东西并不真正适用于建筑领域。我们很难接受在建筑当中能指与所指之间的关系可以任意选择，就像一个词与其所指之物两者之间的关系一样。举个例子，一段楼梯即意味着向上步行或者向下步行的行为。很难想象，它还可以随意地用来表示其他行为，例如躺下来睡觉，或与一群朋友聚餐。当然，上述这两种行为也都可以在一段楼梯上进行，然而其他物件，如床和餐桌，则能将这些行为表现得更加明确。之所以会这样，并非出自传统或者惯例，而是因为它们的形式和感觉具有某种内在的东西，这种内在的东西对应或暗示了物件所代表的那些行为。一个从小总是席地而睡的人，可能无法立即辨别出一张床的意义，但用不了多长时间，他大概就能猜出来。对于语言的无知，只会成为探寻意义道路上的临时障碍。

为了寻求一种与建筑更明确相关的概念，我们必须求助于美国哲学家查尔斯·桑德斯·皮尔士（Charles Sanders Peirce）。[4] 皮尔士深信人类文化本质上是基于符号建立起来的，因此他试图研究出一套完整的符号分类系统，更确切地说，是针对能指与所指之间关系的不同进行类别化的区分。他将符号分为三种类别：类象符号（Icon）、指示符号（Index）和抽象符号（Symbol）。他用抽象符号来表示词与物之间的关系——一种任意的关联性，仅受制于传统，而不依赖任何相似之处。正如我们所看到的，这一点在建筑理论当中体现甚微。另外两种类别似乎更切题。类象符号是一种指示符号（signifier），类似于它所要表示的事物，正如一幅人像作品类似于它所描绘的人。而指示符号则是指向其所指事物的指示符，例如一个路标，它指向目的地。

由此，我们似乎明确地进入了建筑领域。大型综合性建筑的设计师——如设计医院和机场——始终担心其建筑的"可识别性"。这是一个非常实际的问题，即人们是否能够轻松地知道自己该往哪里走。指示牌已成为此类设计的一项重要组成部分。从可识别性的角度来看，人们普遍认为，建筑所需的指示牌越少，建筑的识别性就越高。也就是说，一座清晰可辨的建筑无需采用任何指示牌即可运行自如。它的交通空间——入口大厅、走廊、楼梯、休息平台、电梯间——纯粹借助形状、大小与排布方式指示访客该往哪里走。换句话说，建筑的各个部分将充当指示符号这一类型的能指，即直接将人们引导至正确的前进方向。

这样看来，指示符号是一种与建筑明显相关的能指类型。那么类象符号又如何呢？它同样也与建筑相关，但以一种较为微妙的方式展开。比方说，建筑的楼梯踏步与人的脚这两者并无任何相似之处，但其踏步的面板与踢脚板尺寸却与人脚的尺寸保持一致，并且与人体的条件相匹配。因此，楼梯与步行行为相类似，或者是对步行活动的再现。换句话说，它以一种符号化（iconic）的方式进行指示。我们以一个实际的楼梯为案例来说明，它位于一座伟大的建筑当中——米开朗基罗设计的佛罗伦萨劳伦齐阿纳图书馆（Laurentian Library）②。图书馆的前厅是一个较为狭窄的竖向空间，它由内嵌式的石柱、假窗户和小龛装饰而成，显得富丽堂皇。它的基本功能是安置一座楼梯，引领人们以恰当的方式通往图书馆的大门。这一段楼梯，或许是整个西方建筑史上最著名的楼梯。它像其他任何楼梯一样，直截了当地展示其功能。与此同时，它也表达了许多其他的东西，包括西方古典建筑漫长历史中的所有纪念性楼梯，这些楼梯的历史可以追溯至古罗马时期。米开朗基罗似乎正尝试对这一历史进行总结，并首次通过发挥其全部的诗意潜能来超越历史。

该楼梯完美地实现了从 A 层升至 B 层的功能。然而其艺术意图则是让这一功能显得更为高贵。米开朗基罗在这里所采用的方法之一，就是将楼梯切分为三个部分。两条宽厚的楼梯栏板——它们本身

---

② 劳伦齐阿纳图书馆是意大利佛罗伦萨一个历史悠久的图书馆，位于美第奇家族的圣洛伦佐教堂内。它是世界上收藏古代书籍，包括古代手稿的重要图书馆。该图书馆收藏有超过 11,000 册手抄本和 4,500 册早期印刷书籍。

位于佛罗伦萨劳伦齐阿纳图书馆的前厅楼梯,这段著名的楼梯由米开朗基罗设计。它不仅充分表明其功能,而且蕴含许多其他的意义。这段楼梯看上去就像从图书馆的门里流淌出来的,犹如从山洞中倾泻而下的瀑布一般。而这种一分为三的布局——中间为主,两侧为辅——或许反映了使用者的社会等级。

就是具有纪念性意义的建筑构件——将中央宽敞的、圆弧形的台阶界定了出来,同时似乎在彰显它比两侧平直的台阶更为优越。两侧的台阶并未设置栏板,而且只能走到楼梯的公共平台,平台位于整体高度的三分之二处。这种主要的和次要的、弯曲的和笔直的层次结构,在表达什么意思呢?或许它对应于社会的等级制度吧。让我们想象一下,美第奇家族的一位成员从容地沿着中心台阶拾级而上,而他的随从们则由两侧走上去,并耐心地在休息平台的两侧等待,然后才跟随其后进入图书馆。因此,楼梯的形式形象地体现了使用者的地位差别。如今,游客们通常走到前厅便会止步——这座楼梯本身已成为一处旅游打卡地——然而,如果他们继续向前进入图书馆,便会体验到一种强烈的空间对比,即空间由垂直方向突然转变为水平方向。映入眼帘的是一间又长又直的壁柱厅,其两侧设有较大的窗户——它们将光线投射到成排的书桌上。或许正是因为图书馆与前厅这两个空间形成的张力造成一种错觉,即在垂直方向上,楼梯本身体现出动感,它从明亮的图书馆翻腾下来或者倾泻而出,进入相对晦暗的前厅。符号化模式的含义此时已经变得充满诗意,唤醒了深深扎根于语言当中的联想。这些联想不仅涉及建筑,也涉及景观与自然世界。由此,我们想到了岩石、洞穴和瀑布。

如右图所示，从空间上来说，劳伦齐阿纳图书馆本身与其辅助性的前厅形成鲜明对比：空间呈水平状，而非垂直性的；平静有序，而非翻腾回旋；光线来自侧面，令人愉悦，而非阴沉沉的来自顶部。当然，这种对比也属于上述两个空间含义的一部分。

一词多义与双重编码

如此看来，皮尔士的指示符号和类象符号的概念更适合用建筑来类比，而不是语言文字。然而，最基础的言语和语言机制也同样如此，在建筑当中我们可以找到更多这样的运作方式。例如，一些建筑理论家非常强调一词多义以及所谓的"双重编码"概念。当然，在口语或书面语言中，一词多义通常并不可取，句法规则被破坏后只会导致信息混乱。但这其实忽略了它诗意化的潜能。1930 年，英国文学评论家威廉·燕卜荪（William Empson）在一本名为《朦胧的七种类型》（*Seven Types of Ambiguity*）的书中探讨了这种潜能，其中的第一种类型就是隐喻。罗伯特·文丘里可以视为建筑界的燕卜荪，其著作《建筑的复杂性和矛盾性》一书出版于 1966 年。文丘里在书中所要表达的观点是：一座建筑，正如一首诗歌一样，能同时表达多重含义。如果想了解这究竟是如何实现的，我们最好粗略研究一下文丘里自己设计的一栋建筑，即在费城为他的母亲凡娜·文丘里（Vanna Venturi）建造的住宅，书籍的写作与住宅的建造大概是在同一时期。

这是一座小住宅，只有五个宜居的房间。[3] 然而住宅看上去却并

---

[3]　如果不将地下室包含在内的话，地面以上共有五个房间，有起居厅、厨房、首层主卧室和次卧室，以及阁楼的一间卧室。

这栋住宅由罗伯特·文丘里于 1964 年为其母亲设计。有一位评论家曾将其描述为第一个后现代作品。它清楚地阐明了"双重编码"的概念。对于普通人，它所表达的是"我是一栋相当传统的住宅"，然而对于建筑师来说，它则传达出"我是一件复杂的作品，充满圈内人的玩笑，并且处处引经据典"。

不显小，因为它以一面薄山墙的形式（就像古典建筑的三角形楣饰）统一了建筑的外立面。显然，它正在使用一种语言，而这种语言大多数人都能够理解。从最简单的层面上讲，这种形式清晰地表达了"住宅"。正是这个原因，它才能在众多的备选方案中脱颖而出。不过，它的真实含义比这更为精确。它甚至可能代表了建筑历史中的某种经典住宅。事实上，我们知道它受到了"木瓦风格"的 W.G. 洛住宅（Low House）的启发，该建筑由麦金、米德与怀特建筑师事务所（McKim Mead & White）建造于 1887 年。不过，对其溯源可能还不止于此。因为这种断裂的山墙造型，其先例可以追溯至米开朗基罗和范布勒时期④。文丘里在欧洲游学时，对他们的风格主义和巴洛克式建筑钦佩不已。这座住宅的大门居中，因此其立面基本上是对称的，建筑外形充满童真、童趣。但同时它又是非对称的，因为正立面的左侧有两扇方形窗（卧室和浴室），其右侧有一扇水平长条窗（厨房）。这些窗户看起来其貌不扬，薄薄的窗框几乎与外墙抹灰面齐平，然而它们也承载了各自的涵义。长条形的厨房窗户似乎是从另一种建筑语言当中借鉴过来的——或许是勒·柯布西耶的早期现代主义风格。那么，这栋住宅究竟属于传统风格，还是现代风格？答案理所应当为：两者皆是。

---

④　约翰·范布勒爵士（Sir John Vanbrugh, 1664—1726）是英国著名的建筑师与剧作家，设计了霍华德城堡、布伦海姆宫以及其他大型宅第。正因建筑上的这些伟大成就，1714 年他被册封为爵士。

右图为凡娜·文丘里住宅的首层和二层平面图。请注意，楼梯似乎不得不与壁炉争夺空间。尽管建筑平面的基本轮廓是一个简单的矩形，但其中的房间却各不相同，呈现出独特的空间特征，例如弯曲的和斜向的墙。所有这些设计元素都有其各自的意义。

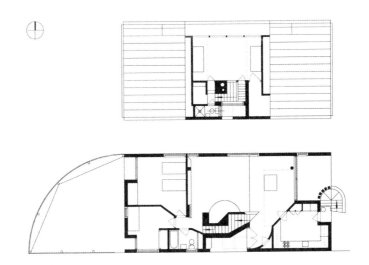

我们甚至还未穿过前大门，各种模棱两可的东西就扑面而来。在室内，该住宅的平面布局很简单，但空间划分却非常复杂，它带有斜向的隔墙、弧形的天花板、嵌入式的窗户以及说不清到底是属于室内还是室外的房间。起居室内用壁炉作为传统的视觉焦点。这个壁炉很宽阔，但是如果与我们从住宅外部看到的大烟囱相比的话，仍显得太小。住宅的烟囱位于断裂山墙的后方。更奇怪的是，这个壁炉似乎正在与楼梯争夺空间，楼梯必须收窄尺寸才能绕过它。所有这些不确定性和不一致性、复杂性和矛盾性，显然都是蓄意为之。

一词多义可能会显露出诗意和妙趣，或者只是透露出困惑，但同时它也可以是有用的。它甚至可能有助于解决现代建筑的最大难题——不招人喜欢。也许，现代建筑与现代绘画、现代音乐或现代诗歌相比，不会太受冷落但也有可能会让情况恶化，因为它是一门公共艺术，而且往往需要公共经费的赞助。要解决这个难题，一种可行性的方法是回应公众的期待，这通常意味着传统的东西需要用一种普通人能够理解的语言来实现。然而建筑师对此感到十分为难。因为在过去的几十年里，建筑教育一直都在倡导以创新为主，而非延续传统。他们认为自己可以改进传统，认为自己是最懂的行家。

罗伯特·文丘里和他的妻子丹妮丝·斯科特·布朗（Denise Scott Brown）对此问题进行了深入思考。并在其 1972 年出版的《向拉斯维加斯学习》（*Learning from Las Vegas*）一书中，提出了一些可能的解决方案。在他们看来，现代主义建筑枯燥乏味，从表面上看，其貌不扬且孤芳自赏，对于简单性和一致性看得过重——然而在当时，周围的世界已经变得越来越复杂和矛盾。文丘里和布朗希望通过一种能被大众和精英阶层同时接受的方式，让自己的建筑得以拥抱现代生活的一词多义。因此，我们不得不对大众讲述他们能够听得懂的话，而同时又以更高雅的语言与专业人士进行交流，诸如建筑界的同仁或竞争对手。这就必须运用"双重编码"。我们可以在凡娜·文丘里住宅中看到它是如何表达的。首先，任何人都可以看出这是一栋住宅。如坡屋顶、坚固的外墙上安装着普通窗户以及烟囱，这均来自传统的住宅建筑语言。大众只会看到这些不起眼的特征，并获得一种朦朦胧胧的认同，但对其他东西并不感兴趣。然而，建筑师则会即刻发现某些怪异、错误之处，但是他明白这并非出于无知所犯下的错误。他便开始更深入地解读这座住宅，就像读一首诗一样。用不了多长时间，他们就会发现断裂的山墙、柯布西耶式的长条窗以及对木瓦风格的引用。

审美意图

关于语言和建筑的审美意图，这里还有一个更普遍的观点。上文中我们已经提过，在口语中一个出其不意的词或短语似乎要比日常用语或陈词滥调承载更多的含义，会产生令人意想不到的效果。当然，在建筑中也是如此。文丘里式的深奥之平凡（sophisticated ordinariness）是通过扭曲常规元素，并以意想不到的方式将它们组合在一起实现的；是通过采用牵强的语汇，与正常的语法混搭起来实现的。一位普通的、非建筑学背景的房地产建筑商会采用比例合适的窗户，并将其置于预期的位置。然而，如果有人选取其中一扇窗并将其稍微放大一点，也许再将其置于房间侧壁而非摆在正中间（这适用于凡娜·文丘里住宅中的任何一扇窗）。一位懂行的观者立刻会捕捉到这样的信息：这是一件具有审美意图的作品。这正是在另一个领域内的比拼，并且是在讲述另一种语言。确切地说，在文丘里的这件作品中，它以同一种语言表达了一个更富诗意的层面。

当一种语言的语法规则已经井然有序时，玩弄语法这件事就容易被人看出来，正如它们在西方古典建筑中那样。16 世纪的风格主义建筑师朱利奥·罗马诺（Giulio Romano）⑤ 对建筑造型语言的"错用"（solecisms）情有独钟，这些"错用"方式包括：间距不均匀的壁柱、偏离中心的窗户、断裂的檐口以及装饰腰线——它们成为一种山墙饰。时过境迁，我们现在很难确切地说出这些不合常规的做法究竟想要表达什么。历史学家通常采用含糊的形容词（来描述它们），例如"趣味的"或"令人不安的"。尽管在现代建筑中，语法规则不再那么严格，仅仅是以一种更通用的方式操作。但我们仍然希望，建筑更沉重的部分位于其底部，而较轻的部分则居其顶部，诸如此类。如果这一预期被颠覆了，那么我们只能求助于结构——也许是一排柱子——使之成为可能。

雷姆·库哈斯（Rem Koolhaas）或许也是一位风格主义者，因为他乐于颠覆人们习以为常的东西。他曾为法国波尔多的一位客户（这位客户因病瘫痪，只能坐轮椅）设计一座住宅。这座住宅便是以颠覆人们的建筑常识为其设计原则。对于这座建筑，我们首先注意到的是一个巨大的、毛面混凝土体块——其大小与一座住宅相同——似乎毫无支撑地悬置于一处开放式露台的上方。这个露台的其中一部分由大尺幅的玻璃围合，然而支撑房屋的柱子又在哪里呢？这里其实使用了一种精妙的手法。实际上，这座体量巨大、高三层的建筑（其最底部的楼层埋入进了山体）并未设置任何常规意义上的结构柱。这意味着什么呢？结构柱——建筑自身的象征物——被取消了。这就是对一切语法规则进行某种形式的反抗吗？相同的原则也应用到了这座建筑的所有其他要素上：楼梯、大门、窗户、栏杆——一切都被重塑，而且几乎面目全非，不再以常规的方式表达其功能。在所有这些改造当中，用处最大的是一部电梯，建筑师采用开敞式的房间形式，将其布置成一间书房。

用语言学的术语来说，库哈斯拒绝让事物本身不言自明地呈现出来，这种做法或许可以称之为反语（irony）。反语，正如其并不友善的近义词"讥讽"一样，就是道出与你想要表达的意思正相反的词（比如"哦，太棒了！"）。而这一点，也正是库哈斯在波尔多住宅当中所做的。悬浮于空中的混凝土体块似乎在对我们说："瞧，我多坚固，而且脚踏实地（截然相反）。"但是这一反语相当强烈，其充满悖

---

⑤　朱利奥·罗马诺（1499—1546）是意大利文艺复兴晚期画家、建筑家，拉斐尔的主要继承人。他的作品风格对定义文艺复兴鼎盛时期之后出现的风格主义起了关键作用。

两座风格主义建筑:上图为朱利奥·罗马诺在 16 世纪 20 年代设计的得特宫 (Palazzo del Te);下图为雷姆·库哈斯在 20 世纪 90 年代设计的波尔多住宅。这两者皆以与众不同的方式打破建筑常规,带来令人拍案叫绝的建筑效果。在得特宫中,古典元素被蓄意混搭,就像出现语法错误一样。而在波尔多住宅中,巨大的混凝土体块似乎悬浮在空中一般。

论式的话语只是进一步佐证了语言的主导地位。如果这种语言并不存在,我们也就没有反抗它的必要了。(这个巨型的混凝土体块,里面包含数间卧室。实际上,它的一端由一个不显眼的门形框架支撑,而另一端则由一个混凝土圆筒顶起来。设计者想尽办法将这个混凝土圆筒包上一层镜面不锈钢板,以免被人识破这就是结构支柱。)

一旦你意识到建筑是一门语言,就容易故步自封。这也正是 20 世纪初,现代主义建筑师试图奋力摆脱的。他们对建筑功能更感兴趣,而非建筑的意义。他们认为,一座建筑可能与一项机械工程类似——针对功能性问题给出一种完全实际的解决方案——美感会自然而然地从实用当中产生。而文丘里对于一词多义的重新挖掘,以及随之而来的 20 世纪 70—80 年代以语言为基础的后现代主义建筑,便是对流行的、教条的现代主义做出反抗。现代主义，或至少是现代主义运动中的功能主义流派，如此热衷于压制传统建筑语言，甚至创造出新的语汇来描述建筑与建筑的各个部分。由此，住宅变成了居住单元，窗户变成了开窗（fenestration），墙壁变成了围护层（cladding），街道变成了交通路线。这是用科学作出的类比，而非语言。现代主义者们所忘却的是，无论你喜欢与否，语言自始至终存在。

也许归根结底，建筑语言模式的真正作用并非在于言语或语言、指示符号或类象符号等诸如此类的语言技巧，而在于一个简单的现实，即建筑的意义不仅与分享有关，而且也与传承有关。发展出一种私密语言并非没有可能，就像恋人之间的密语，然而多数语言都是由大规模人群所共享。（一种仅由一个人所使用的语言——或许属于个人日记的一种代码——是语言的对立面，因为它是一种非交流形式。）而共享同一门语言的民众，也同时在创造这门语言。每当有人写下或者说出一个句子时，这门语言都会发生细微的改变。该句子随着词语相互之间的关系发生变化，正如沙滩上的沙粒一般——将会对其含义的缓慢演进产生细微影响。然而在语言的发展过程中，起作用的不仅仅是作家和演讲者，听众与读者也同等重要。例如100年前写的一句话，我们现在读到的意思与它当初所要表达的已大不相同。在字典当中，这些词语的解释或许没有改变，但其内涵已然发生变化。由于语境（包括此后人们口述的或者书面的一切）发生了变化，句子的含义也将不同。当我们正在阅读上述某个句子时，虽然它还是原来的样子，但读者已是怀着某种后见之明去理解了。

创造建筑意义

语言的这种共享性质，对于建筑和建筑师都具有深远意义。这意味着建筑的"阅读者"——业主、用户、访客——与建筑师共同担负创造建筑意义的使命。一座建筑的意义并非由建筑师本人决定，而是由所有建筑语言的使用者共同决定。这里并不存在什么神秘的东西，在有关建筑的日常交流当中，我们无时无刻都会碰到它。例如在20世纪60—70年代，当时的集合住宅正以一种令人乏味而且劣质的现代主义风格进行建造，人们总是将高层塔楼和街区式楼房与监狱相提并论。例如，伦敦南部的一个住宅区在当地就被称为"阿尔卡特拉斯岛"（Alcatraz Islancl，或称恶魔岛）⑥。该建筑的设计师很可能就此提出过抗议，声明其设计中的确没有包含那种意思。然而，这样的事情并非由某一个人决定，因为语言是大家共享的，其意义必定始终处于磋商过程中。

从理论上讲，创造一门新的语言也许有可能。但它与我们在懵懵懂懂的时候便开始学习的语言相比，就显得太简陋了。语言是有传统的，是世代相传的东西，并非发明创造。这一点也适用于建筑语言。随着时间的流逝，建筑形式才变得富有意义。下面我们将以尖拱为例，进行说明。对于大多数西方人而言，只要瞥见这一简单形式（无论多么粗略地表现），就会立即联想到一系列与宗教相联系的词语：教堂、基督教、虔诚、祈祷。维多利亚时代（1837—1901）的建筑师在建造大教堂时，之所以选择哥特式或者尖拱风格，是因为它承载了准确的含义。这些含义并非由他们自己所决定，而是早已由传统相沿成习。因此，后现代主义建筑师——在重新选择语言模式之后——通常会复兴历史形式，这毫不奇怪。普通的城市写字楼，在 20 世纪 60 年代原本都是朴素的玻璃方盒子造型，然而到了 80 年代，它们各个装扮得像古罗马神庙一样。这一潮流并未持续很长时间，也许是因为当时所谓的"哑巴式"现代主义方盒子本身已经融入建筑语言体系，并一跃成为"写字楼"的象征。历史复兴的出现其实是为了能与大众沟通而孤注一掷，以便让建筑再次获得传达意义的能力。

如今，后现代主义本身已经成为一种历史风格，并饱受进步建筑师的批评。最终，这种语言模式——作为一种思考建筑的方式——在很大程度上已经失宠。现代主义以一种崭新的姿态重新确立了自己的地位。一种新观念，即建筑的主要目的不是为了交流，而是为了发明新形式（现在常常借助于计算机），使之再次流行起来。对于某些建筑师而言，形式越陌生越好。造型新颖已经取代了理解沟通。语言的这两个基本特征——共享性和传统性——与新的建筑文化正相反，新的建筑文化仅仅看重标新立异、发明创造以及个人的创造力。然而，语言从未远去。建筑将始终蕴含意义，而拒不承认这一点的建筑师只是在自欺欺人。

---

⑥ 阿尔卡特拉斯岛是美国旧金山附近的一座小岛，曾是联邦监狱所在地。目前属于旧金山的著名旅游景点。

这座建造于 15 世纪的尚莫尔修道院（Champmol）位于法国第戎。建筑大门雄伟壮观，以其雕塑闻名于世。大门上雕刻的是菲利普二世（Philip the Bold）和他的妻子被引领至圣母玛利亚面前的场景，雕刻师为克劳斯·斯吕特（Claus Sluter）。然而，该建筑的结构骨架才是我们的兴趣点。哥特式的尖拱是解决结构问题的一种方法，同时它也成为一种几乎举世公认的、虔诚的象征。

解构

当我们谈到语言和建筑的话题时，我们不能不提"解构"。这个词具有明显的建筑内涵，尽管作为哲学探究的一种方式，其最初与建筑毫无关系。它是由法国哲学家雅克·德里达创造出来的。德里达是现在所谓的后结构主义者，也就是说他继承了索绪尔建立的符号学和结构主义传统，但对其中的某些重要方面持不同看法。他对索绪尔的"能指与所指"的语言模式最不能苟同的地方在于：其暗示了上述两个术语中，后者更为重要。乍一听，这一反对意见似乎不合情理。语言所指的是"关于"世界上的万事万物。就在其相应的语言出现之前，这些事物难道不是确信无疑地存在吗？因此，所指必定"先于"能指而存在。然而，德里达并不这么认为。他质疑索绪尔和其他语言学家只看重言语而忽略书写，并由此展开论述。经验证，索绪尔的观点似乎更符合常识。当然，一切语言都是先有声音表达，然后才出现书写。但是通过对各种哲学文本——例如，18 世纪的哲学家让-雅克·卢梭（Jean-Jacques Rousseau）以及索绪尔本人的仔细分析研究之后（一种"解构"的方式研究），德里达发现这些文本对隐喻的运用存在某些矛盾之处，从而揭示出言语与书写之间关系的一个根本性的悖论。[5] 这些文本试图说明言语先于书写，而实际上它们表达出来的意思正好相反。总的来说，其观点在于：任何发声，任何言语，无论它有多紧急或多迫切（或许是在求救），都取决于一个任意的、抽象的差异系统。该系统独立于发声者而存在。书写就是这样一个系统。书写既不取决于书写者的存在，也不依赖于它所指之物的存在。一个文本的含义，总有时效性，始终大同小异。而且，由于人类只能依靠语言和其他符号系统（指各种各样的文本）来理解自己的世界，因此人类永远无法掌握这个世界当中任何事物的全部知识。这个符号代表了其他符号，其他符号继而又代表了另外一些符号，照此类推，无穷无尽。语言所指的现实世界并非亘古不变，也非天长地久或者"超凡脱俗"。意义的表白被无休止地"推迟"，永远没有最终明确的那一天。因此，西方文化中所设想的哲学专题研究是不可能完成的。"解构"并不把自己视为另一种哲学体系，如柏拉图主义或逻辑实证主义那样，而是作为一种活动或者一个过程。通过这种活动或者过程，我们得以提醒自己，语言和思想存在局限性。

　　当我们将"解构"应用于被称为建筑的这一类符号系统时，上述争论就变得更加晦涩难解。事实证明，建筑与哲学在一些最基本的层面上是相通的。想一想，建筑是否常常为思想本身提供隐喻。我们谈论哲学体系的"结构"，谈论"基础牢固"的观点，谈论对某个论据进行"修饰"。好像建筑本身就是一种哲学——有关事物之间牢固关系、逻辑关系、稳定关系的一整套思想。德里达所强烈抵制的是哲学中的建筑层面，即如下观念：现实世界可以通览全局，可以观察其中一部分与另一部分之间的关系，由此我们得以掌握它。甚至"理解"一词，也具有微弱的、建筑上的共鸣。而解构理论驳斥这些观念，仅仅将其视为自我安慰似的幻想。解构理论的这些观点，听起来建筑师似乎应该敬而远之。然而在 20 世纪 80 年代，某些建筑师，尤其是彼得·艾森曼和伯纳德·屈米，却将"解构"作为一种新式建筑的基础（如果我们还能在这一语境下使用该词的话）。他们甚至得寸进尺，让德里达本人参与到自己的建筑事业中来。其结果是形成一种新奇的、杂交式的风格，后来被命名为"解构主义"（Deconstructivism）。"解构主义"这个词将"解构"与"构成主义"（Constructivism）结合在一起，后者是 1917 年俄国十月革命之后的那几年中，苏联前卫建筑的称谓。

碰撞与组合

"解构主义"首次进入公众视野，源自 1988 年纽约现代艺术博物馆举办的一场名为"解构主义建筑"（Deconstructivist Architecture）的展览。展览展出了艾森曼和屈米的作品，以及其他建筑师如弗兰克·盖里、扎哈·哈迪德（Zaha Hadid）、"蓝天组"[Coop Himmelb（l）au]、雷姆·库哈斯以及丹尼尔·里伯斯金等人的设计方案。[6] 这些建筑师并非都对雅克·德里达的哲学抱有热情，甚至有些人对此一无所知。但他们确实有共同的愿望，即破坏常规建筑一般形式上的连贯性，无论是传统建筑还是现代建筑。他们的建筑，在展览时大多还只是方案——是碎片化的组合，是扭曲的以及并置在一起的，以明显随机的形式组合。其目的并非设计出一套连贯的系统，让墙壁和屋顶、立柱与横梁以及门窗之类的元素能够相互适应，而恰恰相反：让所有要素以无法预测的方式碰撞与组合。

最早实现的解构主义建筑之一是位于哥伦布市俄亥俄州立大学的韦克斯纳艺术中心（the Wexner Center for the Arts），由彼得·艾森曼设计，竣工于 1989 年。该建筑的一个重要特征是，它同时与哥伦布市的街道网格和大学校园现有的规划网格保持一致。这两套方格网恰好彼此成 12.25 度的夹角。这种与两套网格都保持一致的做法，打破了人们通常所期望的横平竖直的一致性，将平面的各种要素——例如，主要的交通廊道以及它所连通的美术馆和礼堂——蓄意地并置在一起，针锋相对。在随后十年左右的时间里，这种成角度重叠的方格网形式在自称为解构主义的建筑中变成了一种套路。但在韦克斯纳艺术中心，还存在另外一些意想不到的特色。例如，其交通廊道并非以功能性的围护结构界定，而是以纯粹象征性的开放式框架或者脚手架为标识，这似乎暗示着它正处于施工过程中或者正被拆除。交通廊道的一端，矗立着一座城堡状的建筑，仿佛复原的大学军械库。这块场地曾经有一座旧军械库，与之相比新建筑的炮塔与拱门貌似被随意地剖切开，好像是在回避对旧建筑的直接挪用。换句话说，也就是避免出现任何将能指与所指简单混同起来的做法。

同时期，艾森曼另一个规模较小的项目——东京的小泉三洋公司办公楼（the Koizumi Sangyo Corporation building），就像以建筑术语将一个哲学文本的解构过程重演一遍似的。既有的"文本"是一座简单的、玻璃幕墙式的办公楼，出自另一位建筑师之手。艾森曼采取了如

俄亥俄州立大学韦克斯纳艺术中心（1983—1989）的交通廊道，建筑师为彼得·艾森曼。该交通廊并非由功能性的墙壁和屋顶所界定，而是以一些纯粹象征性的框架构成。看上去，它就像处于施工过程中或者正被拆除一样。

下方式进行干预，即将两个大致的方形体量从建筑的对角线方向插进去（或者说，从建筑的对角方向长出来）。这些体量由大小不同的"L"形要素组成，并呈不同的角度放置，由此它们既破坏了空间自身，又打断了用户或读者对空间的感知。其结果是，呈现出一种令人愉悦的复杂性，如同一幅三维立体主义绘画。

对于艾森曼来说，这些项目与解构主义哲学之间存在一种自发的联系。但是，如果认为"解构"要早于"解构主义"，那就大错特错。"解构"并非"解构主义"建筑风格的哲学基础。自 20 世纪 70 年代以来，弗兰克·盖里一直在尝试破坏几何形状，而扎哈·哈迪德于 1982 年便提交了令人震惊的"香港顶峰俱乐部"（the Park in Hong Kong）方案。但在当时，德里达的名字尚未出现在任何一位学者型建筑师的嘴边。那个时候，评论家、历史学家肯尼思·弗兰姆普敦（Kenneth Frampton）将哈迪德描述为"库法至上主义者"（Kufic Suprematist），暗示她的阿拉伯血统以及卡西米尔·马列维奇（Kasimir Malevich）于 20 世纪初的至上主义绘画对其创作的影响。"解构"和"解构主义"也许是两种并驾齐驱的或者旗鼓相当的思潮，但两者之间并不是由理论走向实践那种直接关系。

韦克斯纳艺术中心建筑平面图。校园规划的方格网与城市规划的方格网相碰撞，打破了横平竖直的一致性——人们对这种建筑平面习以为常。在随后的十年左右，这种成角度重叠的方格网形式在自称为解构主义的建筑中变成一种套路。

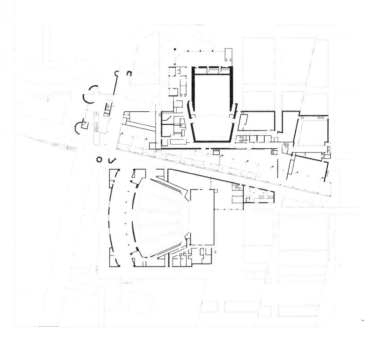

彼得·艾森曼设计的东京小泉三洋公司办公楼。

1982 年，扎哈·哈迪德为香港顶峰俱乐部竞赛方案绘制的表现图之一，画面生机勃勃。俱乐部位于画面顶部，采用深色的倾斜造型。但它能称为解构主义建筑吗？也许能吧。此时，雅克·德里达尚未成为前沿建筑理论家们侃侃而谈的时尚人物。

原文引注

1 John Summerson, *The Classical Language of Architecture*, Thames & Hudson, 1980.

2 Charles Jencks, *The Language of Post-modern Architecture*, Academy Editions, 1991.

3 W.Shakespeare, *The Merchant of Venice*, Act V, Scene1.

4 参见 James K.Feibleman, *An Introduction to Peirce' sPhilosophy*, Allen and Unwin, 1960.

5 参见 Jacques Derrida, *Of Grammatology*, Johns Hopkins University Press, 1976.

6 Philip Johnson and Mark Wigley, *Deconstructivist Architecture*, The Museum of Modern Art/Little Brown and Company, 1988.

第 3 章 形式

Form

　　形式与材料——事物的形状以及构成它的原料——两者融为一体，密不可分。一切实际存在之物都拥有形式和材料。即便是"无形之物"也具有某种形式，正如一团云或者一堆东西；脱离材料的形式仅仅是一个幽灵或者某种幻影。那么，为什么我们在语言和思想当中总是坚持将形式与材料区分开来？好像真的可以区分开似的。这个问题困扰了哲学家们数千年。在柏拉图看来，形式和材料之间的区分是与思想本身相关联的。形式可以脱离材料而存在的地方，就是人的心灵。当我们想象一只猫或者一棵树时，我们会在脑海中"形成"这些物体，甚至可以通过心灵的眼睛看到它们，即使它们并未包含任何材料。柏拉图认为，形式存在于上帝（或者造物主，也就是他所想象的世界缔造者）的精神当中，因此他将形式提升至神圣地位。对于柏拉图而言，形式比材料更重要，因为它永恒不变。他认为，猫的形态将永远存在，然而一只实体猫的构成材料很快就会在地球上降解，转而以其他某种形式出现。所以他的理念是，每一个个体的、由物质构成的猫，实际上只是那个存在于上帝精神当中理想的、神圣的、永恒的猫在人世间的匆匆一现而已。[1]

　　亚里士多德则认为没有必要假定理想形式的存在。对于他来说，形式在一定的程度上显然存在于现实世界当中，只要去观察它就足够了，即使它与材料密不可分。亚里士多德版本的形式并非永恒不变的，而是在不断运动，正如材料一样。他认为，当我们想到一只猫时，头脑中所闪现出的形式仅仅代表那只猫在其生命的某一个阶段。它曾经只是母亲肚子里的胚胎，最终会变成一堆白骨。亚里士多德认为，形式和材料都是动态变化的。它们是这个变化无常、但目的明确的世界背后的两股驱动力。他将这些思想总结在后来被称为"四因说"①的观点中，除"形式因"（formal cause）和"物质因"（material cause）之外，另外两种类型的"因"则分别是"动力因"（efficient cause）——促使某些事情发生的积极因素（这便是我们最常使用的现代词"cause"的原因类型），还有"目的因"（final cause）——一个对象或者事件背后的目的。因此举例来说，一座住宅的"形式因"是建筑师的设计；其"物质因"是砖块和砂浆；"动力因"是建筑工匠；而其"目的因"则是将住宅作为居住场所的功能。然而从我们的角度

① "四因说"是古希腊哲学家亚里士多德提出的一种观点，由"形式因""物质因""动力因""目的因"组成。其中目的因是终极的，也是最重要的。亚里士多德相信自然界的每一件事物都有其目的。

日本伊势市的伊势神宫内宫。自 7 世纪以来，每隔 20 年就要迁宫一次。

来看，重要的是亚里士多德不仅接受了形式与材料之间那种虚构性的区分，而且他还强化了这种区分，并使其成为他的世界模型的重要组成部分。[2]

随着历史的发展，像达尔文的进化论之类的现代概念已经取代了柏拉图和亚里士多德关于世界运作方式的思想。然而，即使是达尔文在讨论形式与材料时，也不禁认为它们是可以拆分的。这种观念存在于我们的语言和思想当中，坚不可摧。同样，这也是建筑理论的核心思想。建筑师，作为设计者——设计那些需要动手制作的物品——本质上是在处理形式与材料之间的关系。日本伊势市的伊势神宫内宫（Naiku Shrine）为这种关系提供了一个绝佳的例证。这座神社的重要性体现在方方面面。这里是神道教（Shinto Religion）最神圣的地方，它以一种被称为"神明造"（Shinmei-zukuri）的建筑风格建造，而该风格专属于这座建筑。不过，正是对神宫定期进行仪式化的翻新（即"式年迁宫"），阐明了形式与材料的问题。每隔 20 年这座建筑就会被拆解，并在邻近的场地重新建造起来。它以 20 年为周期，在这两个场地之间往复迁移，建筑样式却丝毫不变。自从 7 世纪建造第一座神宫以来，迁宫活动迄今已进行了 62 次。至今，此处到底拥有过多少座建筑呢？是 1 座，还是 2 座？或者有 63 座？究竟哪一座才是真正的内宫呢？是位置 A 的，还是位置 B 的？它的历史又有多久呢？是

20 年 ② 还是 1200 年？要想明智地回答这些问题，唯一的方法是将形式与材料区分开来。其形式极为古老——具有架空地板、外环式游廊以及简单的双坡屋顶，然而其材料——木头和茅草——却是崭新的。

显然，在对重要建筑物的保存方面，日本与西方的态度存在着一种文化差异。在 19 世纪的英格兰，古建筑保护协会对中世纪教堂进行全面修复一事表达了抗议，因为在修复中原来的装饰物将会被现代仿制品所取代。协会的成员们非常珍视这些旧石块本身的价值。对他们来说，材料与形式同等重要。但在日本，正如我们所见，材料相对而言是次要的。材料短暂的存在是可以被接受的，而形式则被不惜一切代价地保存下来。

形式与材料分离

建筑师可以通过图纸将形式从材料当中剥离出来，绘图与设计是紧密相关的。大脑里的设计构思落实在图纸上，图纸所绘制的是事物的形式，并不包含最终建造它所需的材料。当然，现存的物体也可以绘制成图，在这种情况下，形式从物质对象当中提取了出来。但建筑的本质——正如我们通常认为的那样——在于设计和绘图的行为，在于形式构想，并且在于采用适当的媒介来表现它。这些行为自然让形式优先于材料。但一定要这样区分吗？是否可以不经过设计直接建造房屋呢？我们可以简单地想象一下，如何在不经过绘图的情况下，采用容易获得的材料粗略地搭建一栋简易房屋（也许是一个简陋的棚子）。然而我们很难想象，如果没有任何设计——无论是最基本的，还是临时性的——一座人造的建筑会纯粹自发地被创造出来，出现在建造者的脑海里。建筑活动不可避免地包含某种设计，反过来它又涉及形式与材料的分离。

莱昂·巴蒂斯塔·阿尔伯蒂（Leon Battista Alberti）撰写的《论建筑》（*De re aedificatoria*）是文艺复兴时期最早的、也是最重要的建筑论著。这部著作写于 15 世纪 50 年代，大致借鉴了维特鲁威的古老著作。正如维特鲁威的著作一样，这部著作也分为十书。在标准的英文译本中，前两书的标题分别为"外形轮廓"（*Lineaments*）和"材料"

---

② 新旧两座神宫并列而居，每隔 20 年就会把老神宫拆掉，原址建造一座新神宫，并将旁边神宫内供奉的神祇迁至新宫。原文写的是"12 年"，应该是笔误。

（*Materials*）。换句话说，就是形式与材料。对于阿尔伯蒂来说，形式是建筑师最关心的问题，而对于重要的公共建筑（如教堂，或者他称为"神庙"）来说，唯一值得尊敬的建筑形式便是从古罗马时期借鉴来的。经过一千多年的哥特式野蛮风格之后，古罗马建筑获得复兴。材料当然也很重要，但一座建筑无论采用石头、砖块还是木材来建造，它都必须"遵循"古罗马先例。因此，形式与材料之间的关系相当宽松。

这就是大多数文艺复兴时期建筑风格的特征。在哥特式建筑当中，形式与材料之间的关系则更为密切。我们甚至可以说，哥特式建筑的形式，在某种程度上，取决于它所采用的建筑材料的性质。尖拱和肋骨拱可以看作是无钢筋的石砌建筑结构潜力的终极体现。我们将在第 5 章中再次讨论有关建筑形式与房屋材料两者之间关系的问题。我们永远不能完全忽略它。不过，在上述内容之外的部分，我们在本章内将像阿尔伯蒂一样主要关注纯形式或"外形轮廓"。

绘图与设计

绘图问题值得更为详细地探讨，以便为本章的主题"比例"奠定基础。并非所有的建筑图纸都是线图。形状可以通过代表明暗的色块来表示（包括黑色和白色），也可以通过实物材料的纹理与颜色来表示。单纯的线条构图是一种更抽象的结构，因为它忽略了可视化的光影效果。线图中，线条是一种人为的表达，用来表示建筑剖面、节点、边缘、边界以及建筑表面的水平线。它们描绘的是形式，而非材料，而且在实际物体中它们是看不到的。有人可能会争辩说，某些物体（如建筑物）确实显示出可见的线条——例如，砖砌结构当中的砂浆缝或者幕墙上的玻璃分隔线。然而，这些线条实际上是狭长的平面，与图纸上概念化的、象征性的线条完全不同。

建筑图有许多不同的类型，但都可以划分为两种基本类别——已建建筑图，以及拟建方案图。通常，建筑师需要掌握这两种类型的绘图技巧；然而在实践当中，有时候却很难将它们区分开来。建筑师为建成环境中拟建方案所创作的效果图，可能会让不明情况的观者误以为该建筑已经存在。如今，我们能将建筑透视图以数字化的方式拼贴到实际照片中，这种照片经常让观者信以为真，甚至还能骗过一些从业者。把现存建筑与拟建方案进行区分之所以非常重要，还有另外一个原因——它突显了这个问题：什么才是建筑，什么又不是。我们可以非常严格地说，"建筑"一词应仅适用于实际建筑物。而实际情况是设计方案直到在项目基地上落成之后，才获得了建筑的称呼。然而，这却会把许多原本完全可以实施的设计排除在了建筑之外，这些设计未能建造起来并非出于方案自身的原因。当然这类设计存在的问题是，当它们被允许进入建筑领域时能为建筑工艺的发展做出贡献吗？建筑史当中充满了诸如此类的案例。例如，阿道夫·路斯（Adolf Loos）于 1922 年为芝加哥论坛报大厦设计的竞赛方案（项目方案落选）或者扎哈·哈迪德在 1982 年的竞赛获奖方案——香港顶峰俱乐部（参见第 50 页）。还有一些脱离现实的设计方案，没有人——甚至包括设计者本人——认真思考过要如何将它建造起来。例如勒·柯布西耶的"光辉城市"（Ville Radieuse）或者弗兰克·劳埃德·赖特（Frank Lloyd Wright）的"广亩城市"（Broadacre City）之类富有远见的城市设计方案可能属于此类。从社会与经济的角度来看，这些方案可能不切实际；然而没有人会将它们排除在"建筑"领域之外，因为它们对现实城市的发展产生过巨大影响。

那么，纯粹的幻想是否也属于建筑呢？这些幻想不仅不会诉诸实施，而且实际上也建造不起来，因为它们并未考虑楼房之类的大型物体在地球上矗立起来所需的基本条件。也许他们假设了一些实际上并不存在的魔术材料，或者依赖于比如像重力那种无法避免的自然力突然消失。这就是我们应该为建筑领域划下边界的地方吗？设计在什么情况下会变成单纯的涂鸦行为？很难想象像史蒂芬·佩雷拉（Stephen Perrella）和丽贝卡·卡彭特（Rebecca Carpenter）设计的莫比乌斯住宅（Möbius House）之类方案，能够在计算机虚拟现实之外的任何地方

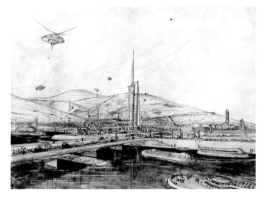

尽管像弗兰克·劳埃德·赖特的"广亩城市"之类富有远见的城市设计方案只是以不够完美的、碎片化的方式实现，但这并不意味着它们就不能算作"建筑"。建筑物属于建筑，然而设计方案也属于建筑，其中一些方案甚至比建筑物本身的影响力还要大。

史蒂芬·佩雷拉和丽贝卡·卡彭特设计的莫比乌斯住宅能否存在于电脑之外的世界？答案可能是否定的。尽管该方案展示了真实的材料，甚至其纤细弯曲的钢筋，看起来就像一种能够抵抗重力的结构。但如果实际建造的话，它的外观肯定会大为不同。在这里，我们或许触及了建筑之所以成为建筑的边界。

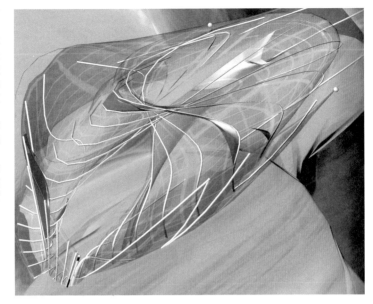

建造起来。然而佩雷拉和卡彭特无疑都是建筑师，也许他们无法建造起来的设计方案属于建筑的另一种类型吧。有人甚至可能会争辩说，建筑作为一门艺术或者一种工艺，更适合用图纸和方案来表现，而并非借助于真实的建筑物。图纸可以用来表现既有建筑物，在这种情况下，房屋优先于绘图。然而在建筑实践当中，情况则相反。绘图在前，而建筑，当它建成之后，反倒成为建筑图的再现物。

当我们描绘一座原本并不存在的建筑时——换句话说，当我们进行建筑设计的时候——我们会尝试去构想其外观如何。会是这样的吗？这取决于我们采用哪种类型的设计图进行绘制。如果我们描绘一种天马行空式的图景，那么我们自然会尝试用效果图来表达。然而，如果我们想要弄清楚墙壁将如何与屋顶交接，那么又该怎么办呢？我们可能会觉得，一张剖面图就可以解决问题，而且剖面图可能会展示在竣工的建筑中被遮蔽起来的那些东西。或许更为重要的是，在确定该节点的时候，需要查看各部件（比如说，砖墙和木椽等）的尺寸，以及彼此之间精确的搭接关系。换句话说，我们应该"按比例"绘制建筑图。因此，设计图可分为两种主要类型：一种是呈现建筑外观造型的图，以效果图为代表；另一种是按比例精确绘制的图，以所谓的"正投影"图为代表，例如平面图、剖面图和立面图。正投影图所呈

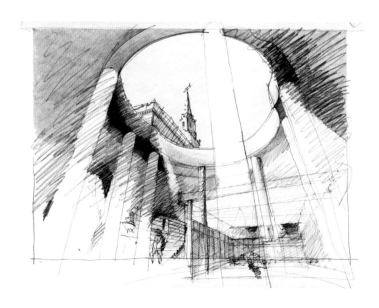

埃里克·帕里（Eric Parry）为伦敦圣马丁教堂（church of St Martin）的拟扩建部分绘制的透视草图。这显然是为了展示建筑外观而选取的绘制角度。然而并非所有建筑图都是出于此目的而绘制。

现的并非物体用眼睛看上去的样子，它们代表了事物（非透视情况下）的原本形态，或者将来可能的样子。建筑外观的立面图——需要按比例精确绘制——它所呈现的图像是无法在现实世界中观察到的，除非借助一些人工设施，例如一台装有透视校正镜头的相机。大致说来，我们的眼睛是以透视的方式观察事物，而非立面的方式，我们没有办法改变这一事实。这不仅仅是一个技术问题，或者是方法的问题。正如下面描写的，它具有更加深远的理论意义。

我们简要回顾一下：建筑师在其脑海中想象出建筑的样子，并以不同的绘图方式（包括用计算机制图）将头脑中的这些图像呈现出来。就其本质而言，这些图主要考虑的是形式问题，其次才是材质，或者说材料。我们在不知道建筑由什么材料建造的情况下描绘它的外形，这完全可能；相反，如果要想绘制无形之物，我们实在无能为力。建筑图并非仅仅展示该建筑将来的外观，它们能够以更完整、更准确的方式呈现建筑未来的真实情况，包括各部分的相对尺寸。这种类型的绘图更像是建筑模型或建筑的"模拟"，而非图片。那个看似平淡无奇的短语"各部分的相对尺寸"，引出了建筑理论中极为重要的一个方面：比例问题。比例如此重要，以至于在建筑理论史的某些时候，已近乎成为建筑的整个主题。

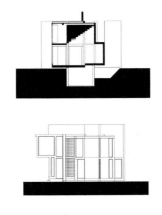

正投影图。此类平面图、立面图和剖面图——图示为彼得·艾森曼在 1975 年设计的"住宅六号"(House VI)——或许意外地呈现出一种直观印象，但其主要目的是以类比的方式展现建筑。通常，它们是"按比例缩放"以提供给施工方使用。施工者并不关心建筑外观将会是什么样子。

和谐比例

当我们在思考比例的时候，同时也在考虑建筑形式以及形式轮廓。大多数建筑都十分复杂，它们并非单一形式，而是形式的集合。这些形式通常都是结构性或功能性的——如圆柱、横梁、屋顶、墙壁、扶壁、房间、门和窗等——也有一些纯粹属于装饰性的，但它们更多的时候是功能性与装饰性的混合体，例如古典的檐口和壁柱。即便是在纯粹的实践层面，想要将上述形式组合在一起，可能也是一件极其复杂的事情。然而作为建筑师，我们的期望当然更高。我们不仅仅想要一种组合的形式，让它既实用又稳固；我们也希望它兼具美观。将形式组合成一个美的整体，这是对建筑的一个定义。勒·柯布西耶对建筑所下的定义是"形体在阳光下精湛、得体而且辉煌地表演"。数千年来，人们发明了各种系统化的方法来帮助解决这一难题，这些方法主要是通过控制那些能让人接受的形式组合，并调整它们的相对尺度。要想了解这一点是如何操作的，最容易的方式是看一个简单的例子，如阿尔伯蒂在 15 世纪倡导的那个体系。比例问题的这一发展动向令人惊讶，它突然之间进入了人们的视野。在《论建筑》一书中，阿尔伯蒂写道："因此，我们将从音乐家那里借鉴所有规则，以完成我们的比例。"³ 音乐家？跟他们有关系吗？事实证明，音乐与比例息息相关。

如果你在吉他上拔动一根空弦，然后再将手指按在该弦十二品的位置，再次弹响它，你将听到一个被称为八度的音程③。第二个音符比第一个音符要高，但它们听上去还是一样的。在传统的乐谱中，它们被赋予了相同的名称，即使它们出现在五线谱上的不同位置。现在我们测量一下琴弦的总长度，从琴头的螺母一直量到琴桥，同时测量一下从第十二品格到琴桥的距离，换句话说，就是你两次弹拨琴弦的有效长度。你会发现，后一个长度恰好是前一个长度的一半。因此，八度音阶对应的数值比为 1∶2。如果我们采用该比例绘制一个矩形，其结果将会是一个双正方形，这也是建筑中非常普遍的比例。这就是所谓的"和谐比例"，因为它与音乐的和声相对应。一个八度音是一种特殊类型的和声。如果两个音符同时响起（就好像在音乐中绘制一个矩形），它们听起来几乎像是同一个音符。然而，如果我们同时奏响两个音符——其分别与 2∶3 或 3∶4 的比例相对应——那么我们就会听到一个悦耳的和弦。这些比例所对应的音程则被称为纯五度和纯四度。

音乐上的和谐可以通过物理与数学进行"解释"——琴弦长度之间的比率与弦的振动频率之间的比率相对应——然而科学无法轻松解释，为什么我们听到的声音那么悦耳？聆听悦耳的音乐，并不需要掌握什么物理知识。它不需要学习，似乎已经存在于我们体内，等待着被音乐和声唤醒。对于文艺复兴时期的哲学家、艺术家和建筑师而言，人类经验当中这种非同寻常的特征就是征兆。这意味着宇宙的每个部分——从排布于各类宇宙星体之上的旋转水晶球④，到最卑微的人类个体的心灵，均由一种和谐的关系体系所支配。音乐上的和谐只是更大的宇宙和谐的一种体现。据说，古希腊哲学家、数学家毕达哥拉斯（Pythagoras）首次发现了几何学与音乐之间的联系。在文艺复兴时期，这一理念被所谓的"新柏拉图主义"的思想家复兴，并被新的"现代风格"（即古典主义复兴）的先驱们引入建筑领域，其中便包括阿尔伯蒂，以及他的前辈菲利波·伯鲁乃列斯基（Filippo Brunelles-

---

③ 吉他空弦与该弦第十二品格的音正好相差八度。

④ 15 世纪的欧洲人认为，天空是由闭合的同心水晶球构成。它们围绕居于中心的地球旋转，水晶球上运载了各类恒星和行星。

伯鲁乃列斯基设计的佛罗伦萨圣洛伦佐教堂。该教堂内部的优美比例被称为"和谐的"，因为它们与控制音乐和声的比例相对应。伯鲁乃列斯基当然知道，存在于形象与声音之间的这种联系。

chi)。如果我们仔细看一下 15 世纪中叶伯鲁乃列斯基设计的佛罗伦萨圣洛伦佐教堂（San Lorenzo），就会发现无论其整体形式还是构成要素都由下列简单的和谐比例所调控，如 1：2，2：3 以及 3：4。

　　然而，这真的与宇宙和谐相关联吗？这可能只是一个实用的权宜之计。毕竟，如果有人要在棋盘式的正方形网格上布置建筑，那么这些简单的和谐矩形必定会出现。如果一座建筑采用了圆拱，它便会自然地显示出 2：1 的比例，这是因为半圆能够包含在一个双正方形当中。建筑史学家们一直在为比例系统的真正含义争论不休。有些人强调其简单实用性；另一些人则读懂了其中的哲学含义，虽然不能说是神秘主义的。毕竟，比例并非只是一个抽象形式的问题。它也具有实质性的意义。当工程师在衡量一根柱子的"细长比"时，通常只关心影响结构稳定性的比例关系。在这种情况下，柱子的外观无关紧要——尽管在结构上不稳定的柱子可能在直观感受上也不稳定，从而令人不悦。

与圣洛伦佐教堂一样，建造巴黎圣母院的工匠也采用了简单的比例系统，但可能是出于现实原因而非哲学上的思考。

该图所示的几何演变过程，被称为"斗四"。它由15世纪德国建筑师马特乌斯·劳立沙（Matthä-us Roriczer）的一张绘图改编而成。

莱昂纳多·达·芬奇的这幅著名绘画取材于维特鲁威《建筑十书》中的一段文字，该书是唯一一部自古代留存至今的建筑著作。

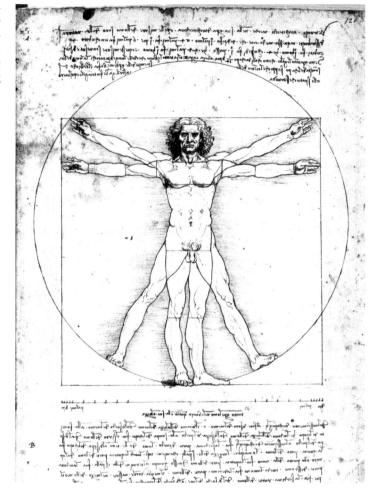

哥特式大教堂——像巴黎的沙特尔大教堂（Chartres）⑤ 或巴黎圣母院（Notre-Dame）——大多都是富有规律的、比例合适的建筑，然而我们对其建造者所采用的比例系统知之甚少。一些考古学家和历史学家在这些建筑当中发掘出一些"不为人知"的几何形状；另外一些人从中只发现了实用性的几何结构，用来确保建筑场地的准确性并且符合结构的经验法则。在测量系统尚未标准化的那个时代，简单的几何关系至少可以保证建筑内部的一致性和规则性。例如，泥瓦匠会在地面上画一个正方形，检查对角线的长度是否相等，以确保转角是直角，从而确定一座修道院的外墙位置。然后，他会将该正方形四条边的中点连接起来，以便形成第二个旋转了 45 度的较小的正方形。接下来旋转第二个正方形，使其与第一个正方形保持平行，由此得到了内墙或柱廊的尺度与位置。这个简单的过程，即所谓的"斗四"（ad quadratum）⑥，可能曾经是泥瓦匠的建筑秘密之一，但是现在看来似乎毫无神秘可言。

不过，有充分证据表明，文艺复兴时期的新型知识分子艺术家或建筑师都非常清楚和谐比例之类的概念。他们希望自己的建筑能够融入宇宙和谐当中，这个宇宙和谐可以调节包括人类在内的整个宇宙。莱昂纳多·达·芬奇（Leonardo da Vinci）著名的人体图像——描绘于一个正方形和一个圆形之内——便源自建筑。这幅画被称为"维特鲁威人"（Vitruvian Man），因为它是基于维特鲁威的《建筑十书》中的一段文字而创作的图解，该书是唯一一部自古代留存至今的建筑著作。对于某些文艺复兴时期的建筑师来说，比例的问题不是一个狭义的专业问题，它反映了以人为中心的宇宙自身属性。

我们倾向于认为，建筑中的比例主要是关于美的问题，或者就像我们今天所说的"美学"。要测试比例系统是否相对美观，现代的方法可能是展开一项调查：找 100 个人，向他们展示一些不同比例的矩形，然后再看看他们更喜欢哪个矩形。获得票数最多的矩形，将被宣

---

⑤　沙特尔大教堂，全称沙特尔圣母大教堂，是法国著名的哥特式建筑之一。教堂高大的中殿呈纯哥特式尖拱状，四周的门廊豪华，罗马尼斯凯像壮观宏伟，堪称 12 世纪法国建筑史上的经典之作。作为文化遗产，沙特尔大教堂被列入《世界遗产名录》。

⑥　拉丁语 ad quadratum 的意思是往一个正方形里置入另一个旋转了 45 度后的正方形。这两个正方形的边长之比为 $\sqrt{2}:1$。感谢故宫博物院故宫学研究院高级工程师、中国紫禁城学会秘书长王南先生对该词翻译的建议。王南指出，在中国历史上也有类似的形式，例如"斗四藻井"。

马萨乔是最早掌握完美的错觉透视方法的画家之一。他于 1425 年创作了壁画《圣三位一体》，把耶稣受难的场景呈现在一座拱形的古罗马式建筑内。这幅壁画位于佛罗伦萨圣玛利亚·诺维拉教堂中殿的墙壁上，壁画呈现的场景看起来就像是可以让人进入的真实空间。

布为最美的。但是，对于文艺复兴时期的建筑师来说，这种测试完全没有意义。他们并不试图将主体与客体分离——将被调查者与比例系统区分开来，基于其中一个对另一个作出判断——而是将它们统一到一个和谐概念当中。他们所设计的建筑比例，与人体比例一样，都是同一宇宙系统的一部分。如果建筑是美的，那是因为它们从人类观者的身体当中唤醒了其内在和谐的某种神秘的愉悦感，正如音乐一样。

透视问题

但是这里存在一个问题：音乐上的和声能够保持不变，然而视觉上的和谐却会因人的视角变化而发生扭曲。在机械化运输之前的时代，多普勒效应几乎让人难以察觉。多普勒效应，是由相对运动引起

图中是伯鲁乃列斯基所使用方法的重现。伯鲁乃列斯基以此证明他的透视系统符合人类视觉的几何特性。通过画面灭点位置的一个小孔，演示者正在查看对面镜子中反射的建筑物（即佛罗伦萨大教堂的洗礼堂）的直观效果。

的音调失真，每次汽车从旁边驶过的时候我们都能听得到。⑦ 无论听者处于声源的什么位置，音乐听上去似乎都是和谐的。然而，视觉却有所不同。从人眼看过去，建筑的外形因透视而明显表现为近大远小，因此它们的和谐比例无法被欣赏到。建筑师可能会争辩说，这一点相对而言是次要的。重要的是比例的内在性，而非其视觉上的美。人类无法看到其中之美，然而上帝却可以。因此在创造和谐这一层面，建筑仍然有所贡献。我们已经熟悉了内在的（the intrinsic）与可见的（the visible）两者之间的区别，这是正投影图与透视图之间的区别。在文艺复兴初期，按比例绘制的正投影图在建筑设计当中首次应用，这可能并非巧合。这种内在之美的概念——与视觉无关的美——现在看来似乎不合逻辑，但我们仍然可以理解。建筑师往往都是完美主义者，即便是在没有人能看到的情况下，也要为建筑的一致性和规律性而努力。这些品质根植于建筑的基本概念当中。

　　然而从一个文艺复兴时期的人文主义者的角度来看，人类的视觉看起来似乎并不完美，这一点令人沮丧。如果人类居于上帝所造之物

---

⑦　多普勒效应（doppler effect）是一种常见的波动现象，例如在生活中：当一辆救护车迎面驶来的时候，人与其相交时听到的声音比未相交时听到的更纤细；而当车离去的时候声音的音调比原来雄浑。这个现象与医院使用的彩超属于同一原理。这一现象是为了纪念奥地利物理学家及数学家克里斯琴·约翰·多普勒（Christian Johann Doppler）而命名的，他于1842年最先提出了这一理论。

的核心位置，聆听着天体音乐⑧在尘世间回响，那为什么他不能通过视觉看到这种和谐呢？1413 年出现了一项新的绘图技术（我们现在称之为"透视"），这一难题由此被攻克。令人惊讶的是人们直到 15 世纪初才发现这种更为精确地描绘世界的方法（如同人的肉眼所看到的一样）。古罗马人在他们住宅的墙壁上描绘了梦幻般的场景，例如透过窗户的美景。其中有一些仍保存于庞贝古城。但在这些壁画中，视觉的远近效果只是粗略地再现。它们缺乏真实透视中毫无偏差的准确性。在中世纪的绘画中，对三维空间进行真实描绘意义不大。（其中的）建筑、器物和人像都是按照其象征意义，或者它们在所述故事中扮演角色的重要程度排布的。直到文艺复兴初期，例如马萨乔（Masaccio）在 1425 年创作的壁画《圣三位一体》（*Trinity*）中，真实的透视才第一次出现。那幅画的主要焦点是被钉在十字架上的耶稣，但人们第一眼所看到的、令人震惊且感到神奇的东西一定是上面绘制的建筑，它构成了事件的舞台。这是一座罗马式拱形建筑，由爱奥尼柱式提供支撑，两侧是巨大的科林斯壁柱，其顶端以完美的透视绘制了一个格子状的拱顶，每一格都呈现了近乎真实的近大远小。当我们置身于佛罗伦萨圣玛利亚·诺维拉教堂（Santa Maria Novella）的这面墙壁前，所看到的就像一个可进入的真实空间。不过，发明"透视"的人并不是马萨乔，而是他的一位建筑师友人伯鲁乃列斯基。

伯鲁乃列斯基对透视方法的演示过程，是由他的传记作家马内蒂（Manetti）讲述出来的，此后又被多次转述。[4] 它的具体情况是这样，伯鲁乃列斯基准确地绘制出从大教堂台阶上所看到的佛罗伦萨洗礼堂的透视图，并在该图的中间（即灭点位置）切开一个小观察孔。然后，他架起一面镜子对着该透视图，并将整个装置摆在位于台阶原视点的精确位置上，而图画则朝向洗礼堂。任何穿过图纸背面孔洞向外看出去的人，都会看到镜子中反射的透视图，而在它的前方，就是洗礼堂建筑本身。观察者能够看到，这两者完美地重合在一起，从而证明伯鲁乃列斯基可以通过二维图形准确地模拟人的视觉。如今，这一

---

⑧ 天体音乐（the music of the spheres），或称音乐宇宙，是一种古老的哲学概念，即在运动的天体上——太阳、月亮和行星——相关的"比例"遵从音乐的普遍形式。这种"音乐"通常并非是字面上理解的声音，而是一个谐波、数学或宗教的概念。它是以数学关系来表达精神的特质或"音调"，呈现在数字、视野、形状和声音上——通过一个特定比例的图形相连通。这个天体音乐的想法由毕达哥拉斯发现并提出，持续吸引着思想家们，直到文艺复兴时期，影响遍及各类学者、人文主义者。

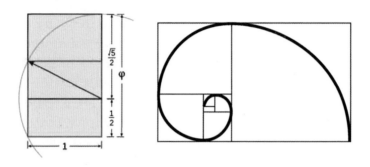

长期以来，人们一直认为所谓的黄金分割（左图）具有神秘的性质，部分原因是该比例中有一项是无理数φ。但如果说，与黄金分割相关的算数相当复杂的话，那么用于构造黄金分割的几何图形则非常简单。当我们在古代建筑中找到黄金分割时，可能会发现，没有什么比泥瓦匠的实用经验法则更神秘的事了。斐波那契数列可以表示为一种不断扩大的螺旋正方形（右图），它反映了自然增长的形式。

技巧看起来不足为奇。我们希望任何有能力的艺术家都能凭肉眼为一栋简易房屋画出相当准确的外观。而这正是因为画家们已经对透视表现了然于心，他们有能力将自己面前的真实场景看作是一幅透视图。

实际上，在透视图上看到的景象与我们用眼睛实际看到的景象之间，存在许多差别。毕竟，我们几乎不会静止地观看风景，一只眼睛闭着而另一只眼睛沿着完美的水平线凝视出去。尽管透视图的确相当准确地模拟了人的视角，但它们也有一些源于习惯的特质。例如，建筑物通常是以所谓的"两点"透视来描绘，这是对视觉现实的极端简化。然而，我们对此已经习以为常。大多数时候，我们看到的由计算机制作出来的三点透视是不准确的（尽管理论上讲要更为真实）。也许，随着计算机透视软件的日益普及，这种习惯也将发生变化，并恢复我们能弥合绘画与现实之间差异的信心。

当然，伯鲁乃列斯基并非通过肉眼直观地绘制出洗礼堂的透视图，他以几何方式构造了它。现在的问题是：为什么要这么做呢？答案显而易见，是为了帮助画家们（如他的朋友马萨乔）创作出像《圣三位一体》这一类作品展现虚幻空间的表现形式。但是伯鲁乃列斯基本人并非画家，他是一名建筑师（最初他学的是金匠）。这种展现方式是否存在某种建筑上的动机？另外，它为画家带来的福利仅仅是一种意外收获吗？为什么一位建筑师想要证明，同样大小的物体（在一张透视图中，显然也存在于真实的人的视觉当中）其缩小的比例与它们到眼睛的距离成反比呢？如此说来，我们意识到伯鲁乃列斯基的真正目的，一定是消除对视觉和谐概念令人烦恼的争议。此处并不适合对透视的几何原理进行详细解释。可以肯定地说，这一示范的含意在于，尽管建筑的比例好像在人眼中发生了变形，但实际上它们存在于一个简单的数学公式当中。因此，人类终究还是可以领略到视觉和谐。伯鲁乃列斯基重新将人类置于上帝所造之物的中心位置。

这仅仅是一种理论，并非所有学者都认同。这一理论令人着迷之外在于，建筑本身（无论是实物，还是绘画）成为透视法则的例证，从而证明了宇宙和谐。透视与建筑相互依存，彼此都需要对方来证明其比例的存在。它们共同构成了一种机制，其旨在揭示的无非是现实的真实特性，以及人在其中的位置。鉴于此，伯鲁乃列斯基在自己设计的建筑——例如圣灵大教堂（the church of Santo Spirito）⑨，其成排的、大小相同的圆柱，它的圆拱以及在蓝色石材突显之处的微妙表达——就是对透视中的和谐比例原则所做的示范，这显而易见。

比例系统

然而我们不能得意忘形。大多数建筑在一定程度上都有规律和韵律，并且许多建筑都采用了比例系统。这并不一定让它们成为宇宙和谐的象征。正如前文所述，比例系统可以有纯粹实际的用途，就像中世纪泥瓦匠使用的简单几何结构一样。这些系统的一个有趣特征在于，尽管它们在几何上十分简单，但在数学层面却相当复杂。例如，如左上图所示，通过这个非常简单的几何方法，可以生成一个比例为 $1 : 1.618\ 033\ 988\ 7\cdots\cdots$ 的矩形，该比例的第二项是一个被称为 Φ（黄金分割）的数值，与众所周知的 π（圆周率）一样都是"无理数"，永远不可能获得一个确定的数值。各种非凡的品质都归功于此矩形。例如，据说在所有可能的矩形当中，这一种是最吸引人眼球的。相关研究已经证实了这一点。该图右侧的比例之所以称为"自然比例"（nature's ratio），是因为它似乎与有机生长的某些形式特征相对应，例如贝壳的螺旋形以及植物茎上的分支间的距离。该矩形有一个特殊的名称——黄金分割——而且在艺术与建筑史中，有举足轻重的地位。历史学家和考古学家一直都在寻找——有时候他们认为已经找到了——在古代建筑（例如帕提农神庙）以及在中世纪大教堂中使用黄金分割的证据。不过，仅仅通过测量现有建筑物来寻找比例系统，是一个并不可靠的方法（这众所周知），而且其文献上的证据也十分薄弱。为什么在任何情况下使用简单的几何图形都会具有象征意义呢？

⑨　圣灵大教堂（the church of Santo Spirito）是意大利佛罗伦萨的主要教堂之一，是伯鲁乃列斯基的后期杰作，建筑外表质朴。大教堂位于阿诺河南岸的奥特拉诺区，面临同名广场。教堂内部设计是文艺复兴建筑的优秀实例之一。

20世纪50年代著名的英国赫特福德郡学校建设计划采用了模数协调原则，以实现施工过程的工业化并提高效率。比例系统，至少是在理论上，可以带来实际的以及美学上的益处。

正如我们所见，黄金分割是非常容易创造出来的。在任何地方性的或者国际性的测量系统问世之前，采用几何图形而非算术来确定建筑物的尺寸，都具有现实意义。

综上所述，比例系统可以分为两种基本类型：其一是以文艺复兴时期的建筑为代表的和谐系统；其二是在中世纪以前可能已经使用过或未曾使用的几何系统。前者是"成比例的"，这意味着它实质上是由整数个正方形组成的矩形所构成；而后者是"无理数的"，因为尽管其构造简单，但会出现尴尬且笨拙的数字。这两种系统都声称揭示了自然的或宇宙的隐秘层面，但在建筑基地上都有简单的实用功能。对于我们现代人的工具性的思维来说，那些实用功能才是最重要的。宇宙和谐以及模仿自然的重要性是有限的，然而这些思想并未被彻底遗忘，我们将在后文再次谈论。

模数协调

传统比例系统的现代继承者，便是20世纪中叶所谓的"模数协调"（modular co-ordination）。1913年，当亨利·福特建立第一条汽车装配流水线时，便将大批量生产确立为20世纪工业和经济的基调。几乎同时，像沃尔特·格罗皮乌斯（Walter Gropius）这样的进步建筑师开始提出疑问：为什么普通住宅这类建筑不能像汽车那样进行廉价的批量化生产呢？[5] 福特主张的批量化生产，不可避免地导致产品标准化。因此格罗皮乌斯认为，建筑行业更高效的秘诀在于建筑构件标准化。墙在柯林·罗 1947 年发表的一篇颇具影响力的文章中，帕拉第奥设计的弗斯卡利别墅（照片，上图）与勒·柯布西耶设计的加歇别墅（平面图和立面图，下二图）在比例上具有相似性。就在建筑行业陷入一种纯粹工具性的工业文化时代，柯林·罗的论文以及其他类似文章的发表有助于将历史与理论重新引入建筑实践领域。

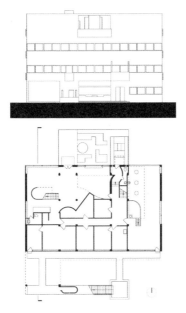

壁、地板、屋顶、窗户和门——所有这些都可以在工厂中按标准尺寸批量化生产，并在施工现场迅速组装，以建造出各种不同的房屋。其关键之处在于，统筹各部件的尺寸，使它们紧密地结合在一起。所有部件的大小都以一个给定的基本尺寸或"模数"的倍数来确定。当建筑师设计房屋时，他们只能采用既定的模数尺寸。实际上，如果将在一种标准的网格上进行设计，那么为什么不先在纸上绘制出网格，并以它为基准调控建筑的整体尺寸呢？好吧，这当然不是什么新鲜事。几个世纪以来，建筑师一直都在绘制这样或那样的网格，而并非受大批量生产所鼓舞。标准化与重复性成为大多数建筑的常态特征，人们已经设计出复杂的系统来协调尺寸。

　　在 20 世纪 50—60 年代，模数协调几乎成为建筑师的一种信仰，这些建筑师为二战后的福利社会设计住宅与学校。但他们大多忽略了传统的比例系统，采用的是简单的正方形网格——通常是以 100 毫米为模数。采用模数协调的目的是为了效率，而非美感。尽管如此，模数协调的优势最终被证明是荒诞的。工业化的建筑运动，例如 20 世纪 50 年代著名的赫特福德郡学校建设设计计划（Hertfordshire schools programme），最后的结果是它并不比传统的建设方式更高效。由于许多合理的现实原因，建筑行业顽固地拒绝以汽车工业的模式为蓝本。具有讽刺意味的是，20 世纪的大批量生产如今已被 21 世纪的"大众化定制"（mass customization）所取代；可以说，汽车工业变得越来越像建筑业，以小批量生产的方式提供定制产品。[6]

　　然而在 20 世纪中叶，并非所有建筑师都打算将古老的比例之谜简化为单纯的生产工艺。随着 1949 年鲁道夫·维特科尔（Rudolf Wittkower）所著的《人文主义时代的建筑原理》（*Architectural Principles in the Age of Humanism*）[10] 一书出版，"比例"成为业内知识分子探讨建筑理论的主要话题。书中对于文艺复兴时期比例的历史与理论，尤其是其音乐或者和声基础，给出了最为清晰、最具说服力的解释。如今看来，依然如此。正如史密森夫妇（Alison and Peter Smithson）这样的进步建筑师对此表示支持，因为这让他们在现代主义反叛传统的初始阶段结束后，为重拾对建筑历史的兴趣提供了一个台阶。比例原则对于现代建筑和古典建筑同样重要。建筑评论家柯林·罗在 1947 年发表的著名文章《理想别墅的数学》（*The Mathematics of the Ideal Villa*）中，展示了勒·柯布西耶在 1927 年设计建造的加歇别墅（Villa Stein-de-Monzie）与帕拉第奥（Palladio）在 1550—1560 年期间设计建造的弗斯卡利别墅（Villa Foscari）具有的相同的整体比例关系。加歇别墅建成之后，一度成为现代主义建筑风格的标志。突然之间，历史、比例又重返人们的视野，包括建筑也许能够回应宇宙和谐这一理念。当然，正如柯林·罗的文章所证明的那样，这对勒·柯布西耶而言一点也不新奇。

---

[10]　《人文主义时代的建筑原理》是论述文艺复兴时期建筑的权威著作，被公认为该领域最具影响力和重要学术价值的文献之一。该书探讨了文艺复兴时期西方古典文化思潮对人文主义建筑师的影响，重点分析和阐释了当时最伟大的建筑家阿尔伯蒂和帕拉第奥的主要思想、理论和实践原理，并深入论述了文艺复兴时期建筑比例问题。

勒·柯布西耶不仅对比例进行了研究，而且自己还发明了一套新的比例系统。这一新的比例系统称为模度，它采用斐波那契数列——该数列可以从某些自然形式当中找到，例如螺旋形的贝壳（参见第 68 页）——以获得其优选尺寸的确定范围。勒·柯布西耶的"模度人"便是对"维特鲁威人"的回应。

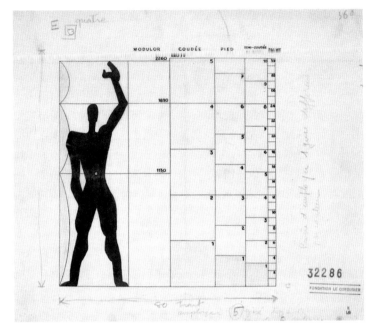

模度

　　就"宇宙和谐"之类的宏大主题进行思考、对话、写作和设计，勒·柯布西耶对此从不畏惧。比例问题一直深深地吸引着他。他最著名的书籍《走向新建筑》（*Towards a New Architecture*）出版于 1923 年。书中包含的历史建筑，其外立面照片上面绘制了对角线，以证明它们是由相似的矩形构成。在 20 世纪 40 年代后期，柯布西耶终于开始设计自己的比例系统，他称之为模度（Modulor），即由 module d'or 缩写而来，意思是黄金模数。柯布西耶坚信，模度作为一个系统，将终结所有其他的比例系统。它将成为确定世界各地建筑尺寸的标准方法。自然，它基于黄金分割——是所有比例系统当中，最古老且最负盛名的。如果大自然选择了黄金分割，那么勒·柯布西耶也将如此。然而他意识到，选择这样一种通过几何方式构造起来的矩形，便意味着他将不得不寻找一些应对无理数的方法。对于中世纪的泥瓦匠来说，仅使用打结的绳子就可以为建筑定位，然而现代建筑业需要按比例绘制图纸，并且需要尺寸协调一致。它需要的是算术，而非几何。勒·柯布西耶在所谓的斐波那契数列（Fibonacci series）中找到了解决这个问题的方法。斐波那契数列是一个简单的数字序列，其中每个数字都是前两个数字之和。例如：1，2，3，5，8，13，21……依此类推。

该数列在算术上相当于一个不断扩大的正方形螺旋，它似乎反映了自然生长的形式。然而，一套单独的斐波那契数列过于粗糙和僵化，无法作为建筑比例来使用。因此，勒·柯布西耶添加了第二套比例，将第一套比例的数值翻两倍，从而得出：2，2，4，6，10，16，26，42……这两套尺寸，分别称为红尺和蓝尺，组合使用为进一步精细化与灵活性之需提供了便利。面对任何具体的设计问题（例如，一间配有门、窗和固定式家具的房间），建筑师可以仅采用这两套斐波那契数列的固定数值来决定所有必要构件的尺寸。从理论上讲，所有尺寸都将与黄金分割呈一定的比例关系。

因此，模度克服了几何与算术相对立的问题，将黄金分割的神秘性与标准比例的实际优势相结合。但如果要让它全球通用，并且在世界范围内生成众多比例精美的建筑，那就需要找到与现有度量系统（例如公制和英制）相适应的条件。该模度的一个早期公制版本显然并不好用，其中实用的整数值太少，但当把该模度换算成英尺和英寸的时候，一切都井然有序。英尺、英寸是当时英国的标准度量系统，至今仍是美国的标准度量体系。勒·柯布西耶在其有关模度的书中说道："令人欣喜的是，基于一位 6 英尺（1.83 米）高的男士，我们将模数转化成以英尺和英寸为单位的整数值，一套新的模度就问世了。"[7]

现在，我们说到模度最重要的一面：那位身高 6 英尺（1.83 米）的男士。就像他的文艺复兴前辈，勒·柯布西耶认为自己的比例系统不仅是一种工具，而且是宇宙及人在其中位置的一个启示模型。如果模度要发挥其潜能，那么它不仅必须基于抽象的几何图形，而且也必须基于人体尺寸。勒·柯布西耶当然知道"维特鲁威人"。但他的模度所描绘的人体形象并非居于正方形与圆形之内，而是处于黄金分割当中，或更确切地说，是正方形与黄金分割的组合。这里的关键尺寸是：从脚底到肚脐的长度，从肚脐到头顶的长度，再从头顶到抬起手臂的指尖这一长度。这些尺寸被证明是一组斐波那契数列。

尺度的重要性

模度人（Modulor Man）是 20 世纪建筑理论中一个古老而重要主

题的象征：这一主题即尺度问题。从某一层面来看，这是一个纯粹的实际问题。建筑主要是为人类使用而建造的，因此合理地调整建筑的尺度大小非常有意义。房间的尺度必须适合它所承载的人类活动；门的高度必须能让人穿过去；窗台必须足够低，才能让视线看出去，诸如此类。当然，并非所有建筑都是纯粹功能性的。有些具备象征意义，其中尺度便是一个方面。这十分常见，例如，在纪念性建筑当中，门要远远高于人正常通行的基本要求。这成为一个象征。它意味着这栋房子属于重要建筑，而这扇门则是其主要入口。在这种情况下，尺度不再是一个实用问题，它变成了美学和语言问题。

在比例的语境下，尺度问题不可避免地引发讨论，这个问题是关于尺度的大小以及这些尺度是如何确定的。以英制的英尺、英寸为例，其对应的英语词汇揭示出该体系源自人体。一英尺（约 0.31 米）表示一只脚的长度，一英寸（约 0.03 米）则代表拇指最后一个关节的长度（法语单词"pouce"同时包含英寸和拇指的意思），一码是走一步的长度，或者说是男人身体中央到他伸开手臂的指尖之距离——依此类推。在远古时代和中世纪，当时没有标准化的度量系统，人体本身就是标准。如今，欧洲和其他国家的建筑行业采用公制系统，它与人体并没有关联。它是由法国科学院于 1791 年确定下来的，其长度为从赤道穿过巴黎到达北极总距离的 1/10，000，000。尽管如此，在建筑理论和实践当中，人体尺寸与建筑尺度之间应该存在某种能够被感知到的关系，这种理念一直存在。但是，这种关系如何能够被感知到呢？难道中世纪大教堂高耸、华丽的内部空间，真的就与栖息其中的人体有任何尺度上的联系吗？如果真是这样，那它一定是通过构成建筑的较小部件体现出来，如富有节奏的拱廊和成跨的拱顶，水平层面或楼层的划分，按等级划分的窗户以及像微型建筑一样安置了人像雕塑的壁龛。如果所有这些元素都是按比例相互关联的，那么整个空间，无论多么宽阔，都将成为一种人的空间。简而言之，它将成为建筑。

原文引注

1　形式理论出现在柏拉图的许多对话当中。《蒂迈欧篇》(*Timaeus*)
　　中包含了宇宙学和几何学方面主题的讨论。

2　参见亚里士多德的 *Physics, Book Two*。书中讨论了"四因说"这一
　　学说。

3　LeonBattista Alberti, *The Ten Books of Architecture, The 1755 Leoni Edition*, Dover Publications, 1986, Book IX, Chapter V.

4　参见 Samuel Y Edgerton, *Jr, The Renaissance Rediscovery of Linear Perspective*, Basic Books, Inc., 1975.

5　参见格罗皮乌斯 1910 年写给 AEG 的备忘录，关于工业化生产住
　　宅。在如下文章中全文刊载 'Gropius at Twenty Six'in *Architectural Review*, July 1961, p49-51.

6　参见 Colin Davies, *The Prefabricated Home*, Reaktion Books, 2005, Chapter 6.

7　Le Corbusier, *The Modulor: A Harmonious Measure to the Human Scale Universally Applicable to Architecture and Mechanics*, Birkhauser, 2000, p56.

第 4 章 空间
Space

现在是思考建筑空间的时候了——思考空间的起源、含义以及人文特质。当我们使用"空间"一词时，我们以为自己知道它的确切含义。对于 18 世纪的哲学家伊曼努尔·康德（Immanuel Kant）来说，空间就像时间一样，是"先验的"（a priori），大概意味着"已经存在的"。他的意思是，如果没有空间，世界将无法想象，因此没有必要试图证明它的存在。空间是一切事物存在的前提条件。然而，后来宇宙学的新发展——从爱因斯坦的相对论到弦理论（string theory）——可能对这一命题提出了一些质疑，但在通常的人类经验当中，这仍然确信无疑。从现代世界的角度来看，空间无处不在。它向四面八方无限延伸，囊括万物，包容一切。可能这个空间中的大部分地方我们无法栖息，尽管如此，我们仍认为它是潜在的可栖居之所。我们人类已经探访了外太空距离我们最近的一些地方，原则上说，借助科技提供的一臂之力，有朝一日我们将会探访外太空更多的地方。我们甚至可能冒险去跨越太阳系的边界。《星际迷航》（StarTrek）的创作者已经提出了"曲速引擎"（warp drive）①的构想，接下来，就看谁能将它设计出来。尽管宇宙学家试图告诉我们有关时空的概念，但在我们看来，空间具有三个维度：高度、宽度与深度。通过具体说明物体相对于某个固定点的坐标值，我们可以确定空间中任何物体的位置，例如我们自己所在的地点。空间中可以杂乱无章的堆满东西，或者由物质所充满（无论是固体、液体还是气体），但从概念上讲，它是空的——一种真空状态。如果有人问到"什么是空间"，我们大多数人会这样描述：一种无边无际的虚空。

不过，上述解释并非一直都是标准答案。例如，在中世纪欧洲人的观念当中，空间并非无边无际，空间也绝不可能是一片真空，它也不是朝四面八方均匀地延伸。在他们看来，世界上存在各种不同的空间。陆地空间（Terrestrial space）——即我们栖息的空间——只是宇宙当中的一个区域而已。此外，宇宙至少还包括另外两种完全不同的空间，称为天堂和地狱。前者位于排布各类星体的天体球的外表面之上，后者则深藏于地球内部。如今，即便是虔诚的基督徒也不会将天堂和地狱视为宇宙真实的组成部分。他们会将其视为不同的存在方式，是与肉体相对的、精神层面的东西，而非不同种类的空间。然而

---

① 曲速引擎就是一种利用空间翘曲（space warp）来作为引擎的推进技术。其原理是将宇宙飞船周围的时空高度扭曲，从而在时空中形成一条高速通道，使宇宙飞船获得超越光速的能力。曲速引擎在星际旅行系列电影中最为常见。

中世纪的世界容纳了各种不同的空间，包括天堂和地狱，以及地球与可见的宇宙，正如乔托在壁画《最后的审判》（约 1305 年绘制）中所描绘的那样。该画位于帕多瓦的斯克罗维尼礼拜堂。

即使是在中世纪，人们对近地空间的看法也有所不同。中世纪的哲学家们，他们追随亚里士多德的理念，认为空间只与物质实体（materialobjects）或质量（masses）有关。空间就是容纳这些物质的东西，就像用来装水的水壶一样。因此，空间更像是一层层的表皮而非容积，整个宇宙由空间所填充，它们紧密地嵌套在一起——水装在水壶里，水壶置于空气中，空气包含在房间内，房间嵌套于住宅中，住宅在第一颗天体球包含的外层空气中。现在，我们已经很难再以这种方式想象空间了，那种无限虚空的概念已经深植于我们思想之中。然而，对于亚里士多德以及他的中世纪追随者们来说，"无限"和"虚空"的概念同样难以理解。

中世纪和文艺复兴时期的空间

要想理解空间概念从中世纪向现代转变，最好的方式就是去看一看中世纪晚期以及文艺复兴初期的绘画。例如杜乔（Duccio）的《庄严圣母像》（*Maestà*）祭坛画的主体部分，大约在 1310 年为锡耶纳大教堂（Siena Cathedral）绘制。画中圣母与圣子端坐于宝座上，居画面中心位置，其两侧由圣徒和天使簇拥，陪伴于左右。从某种意义上说，所有这些人像显然位于同一个空间。圣徒们几乎伸手就能碰触到圣母玛利亚，他们礼拜的手势直接朝向她。然而从另一种意义上讲，他们又不可能处在同一空间当中，除非圣母是一个巨人。因为画面上，她的身体似乎有圣徒的两倍大。她的尺度比例并非由她在空间中的位置决定，而取决于她在绘画故事中的重要性。在同一幅画中，她所占据的却是一处不同的空间。换句话说，绘画中的空间是不连续的，是由画面中的人像和物体所创造出来的。现在，我们再来看看同一祭坛上的另一幅画。该画名为《第二次圣母领报》（*Second annunciation*）。一眼看上去，这幅画在空间上似乎更为统一。圣母与报信的天使两者并没有什么尺度上的差别，而且她们似乎置身于一个真实的房间，里面有坚固的墙壁和拱形门廊之类的建筑特征。然而，这种统一并不完美。我们也许能够容忍绘画中超自然的人悬浮于地板之上几英寸的位置，但圣母所坐的长凳也会悬浮吗？当我们注意到这些细节时，便开始发现这些人像终究不是置身于该房间的空间当中。它们几乎就像从另一幅画中裁切下来，然后再粘贴到这张画上一样。

在大多数哥特式和拜占庭艺术中，人们允许同一幅画里不同的对象占据着不同的空间（而且也可以处于不同的时间）。空间上的统一并不重要，重要的是象征性。但在杜乔、乔托（Giotto）和契马布埃 [②] 的绘画作品中，象征主义——作为构图的决定性因素——变得越来越不重要，空间开始取而代之。我们似乎正在目睹现代空间概念的出现，作为一种无限的虚空，朝四面八方均匀延伸。

直到一百多年后，当建筑师菲利波·伯鲁乃列斯基解决了透视画法的几何原理时，绘画才最终实现了完美的空间统一性。从此以后，绘画这门艺术再也不是原来的样子了。更重要的是，空间作为一种连

[②] 契马布埃（Giovanni Cimabue, 1240—1302 年）原名本奇维耶尼·迪·佩波，契马布埃是其绰号。契马布埃是意大利佛罗伦萨最早的画家之一，杰出的托斯卡纳绘画艺术的创始人。相传他是乔托的师父。他对新绘画构思、对根本的"现代性"的直觉宣告了近代艺术时代的来临。

杜乔创作的《庄严圣母像》祭坛画（1308—1311 年）。画面中的人物都处于同一个空间吗？如果是这样的话，那么圣母就是一个巨人。圣母像的大小由她的象征意义所决定，而非参考她周边的人和物的尺度。那么，或许她所处的是一个不同的空间——这在中世纪是可能的，但如今人们的空间观念已经变了。

来自同一祭坛上的画《第二次圣母领报》。正如画中所描绘的那样，空间更为统一，因此更像我们现在习以为常的空间——但是，圣母所坐的长椅就应该这样飘浮在空中吗？（因为当时，连贯一致的透视方法尚未发明出来。）

皮耶罗的作品《鞭打基督》（15 世纪 50 年代）是一幅非常奇异的画作。它分散的视觉焦点，寂静与暴力的诡异组合以及强烈的尺度对比，使画面显得支离破碎。但是画中的空间，由于采用了最新发明的透视系统，却获得了统一。

续虚空的现代概念，突然成为人们关注的焦点。如果可以在绘画当中令人信服地将它表现出来；如果它能够被把握和操控，那么它的全部意义就能够充分体现。那请看一下皮耶罗·德拉·弗朗切斯卡（Piero della Francesca）③ 的绘画作品《鞭打基督》（*Flagellation of Christ*），绘制于 15 世纪 50 年代。这是一幅神秘的、令人不安的画作。乍一看，它的构图似乎一点也不统一。不管是从时间上还是从空间上，右边的这三个人（可能是乌尔比诺公爵及其随从），看起来都与一个发生在原始古典华盖之下奇异且暴力的圣经故事场景相去甚远。画面中背景建筑很重要，尤其是经过完美调整后的铺地透视图案，因为它让我们清楚地理解，画面左右两侧人物大小上的明显差异，是由于它们在画面深度方向上所处位置的不同造成的。我们所看到的并非是由人与物组合而成的空间集合，而是一个单独的统一空间，其中排布着各种人像与物品。它不仅是一个具体的空间，而且是这样一个空间——无限虚空，均匀地向四面八方延伸。我们通过画框所看到的场景，正如通过一扇窗户看到真实的世界一样。

建筑空间

无限的虚空与建筑有什么关系呢？它是个有用的概念吗？建筑空间（例如房间内的空间）真的只是宇宙空间切出来的一块吗？不知何故，在我们对真实建筑空间的日常体验中，这种描述似乎不够充分。一个房间内的空间具备了宇宙空间所没有的特质，例如范围、方位、朝向与尺度。我们置身于此的这个房间，可能有四面墙壁、一张地板和一块天花板。如果我们使用硬纸板或通过计算机来制作该房间的模型，那么这些封闭的元素彼此之间可能无法区分。例如，我们怎么能知道哪个是地板，哪块又是天花板呢？但毫无疑问，在真实的空间当中，由于这一特定宇宙空间恰好位于地球表面，因而受到重力影响。它有一个顶面并有一个底面，我们通过身体和心理体验到这种差异——我们同样以这种方式体验世界上其他一切。这一点似乎显而易见，无需多言。但它清楚地表明，被科学概念化的空间（无限的虚空）与人类所体验到的空间两者之间存在非常重要的差异。

③ 皮耶罗·德拉·弗朗切斯卡（1416—1492 年）是意大利文艺复兴初期的著名画家。他将严谨的数学运算知识运用于透视画法，让画面具有照片一样的空间感。《基督的鞭打》一画绘制于 1455 年，是其代表作之一。

对"科学"——其中包含许多不同的学科——进行概括，这样做并不稳妥。不过从传统上讲，科学家们将世界看作一个供他们观察与测量的对象。他们将自己与世界区分开来，以便"客观地"看待世界，而且他们会避免人类本性对科学发现的干扰。这种方式是人蓄意为之，从某种意义上说是不真实的，因为科学家的心智自然而然是人类身体的一部分，而身体也是被观察到的世界的一部分，这无法避免。因此，这种将自己与世界相分离的理念只是权宜之计，它并不真实，只是作为追求另一种真理的起点。然而普通大众（当他们并非科学家时），并不是以客观的方式看待这个世界。他们总是看到与自己、与自己的身体、自己的意识以及与其他人的身心相关的事物。那些自称"现象学家"的哲学家，他们对人与世界之间这种日常关系的兴趣，要胜过对科学客观性的兴趣。毫不奇怪，现象学在建筑理论中具有影响力，它改变了世界的某些部分，使人类得以栖居于此。当建筑师在思考空间的时候，通常考虑的是一种关系，而不是一种客观现象——也就是说，是人类的空间，而非科学空间。

你看，我们就在一个普通的房间里，这个房间的空间与所有普通房间的空间一样，都有顶棚和地板。它并非广义的与均质化的，而是具体的与差异性的。我们通过自己的身体，体验到上下之间的差别。虽然我们偶尔会头朝下倒立，但大多数时候，我们用脚站立——依照自己所在星球的进化趋势行事。有时候，一个房间的建筑细节也遵照这一事实，即区别化的对待地板和天花板，并且对站立着的人体特征做出呼应，例如柱子都带有柱基和柱头。此外，房间内的空间也可以用其他方式确定方向。例如，房间平面可能是矩形的，而不是正方形或圆形。此外，我们通过自己的身体并借助身体能够给出的参考，去体验这种微妙的空间差异。我们或许可以从一种暗示性的运动来思考它，这种运动可以通过从房间的一端走到另一端来实现。当我们走到房间尽头时，毫无疑问，我们将会转身再次面对房间，以便获得一个更好的视野。房间的格局可能会引导我们这样做，向我们展示它自己，我们也以同样的方式将自己展示于人。也许在房间这一端的视野会比在另一端的更为重要。例如，入口处的视野可能特别重要，因为在此我们获得对房间的第一印象。于是，我们的房间现在就有了更多方面的区别，而不仅仅是上与下，它还有边与端、近与远、入口处与目的地、前与后，我们通过自己的身体体验到这些差异，以此作为空间定位的手段。

现象学方法

房间格局受人体"结构"以及人类经验"结构"的深刻影响。一个房间就是一处室内空间以及"内在化状态"（除了非常特殊的情况，例如灵魂出窍），是一种连续不断的人类体验。通过我们的眼睛看向外部世界，我们似乎只存在于自己的身体当中。在面对一个实际的房间时，我们所看到的是这一不变的人类内在化状态的镜像。我们甚至可能会受人们鼓舞，依照自己的想法和梦想来装饰房间。当我们以这种现象学的方式来思考建筑空间时，像门窗那样的建筑共同特征就已不仅仅属于功能上的安排了。它们成为人类经验的象征，我们被身体禁锢的象征以及我们自由自在地探索世界的象征，我们内向性与外向性的象征。

1958 年，法国哲学家加斯东·巴什拉（Gaston Bachelard）撰写了一本书，题名为《空间的诗学》。在书中，作者对一栋传统的法国城市住宅（例如他童年时的居所）展开了一场现象学式的分析。对于巴什拉来说，住宅是一种人类体验的模型，一处心灵与身体的家园，更是一个梦想的家园。他说道："住宅庇护了白日梦，住宅保护了梦想者，住宅允许人们静静地做梦。"住宅的特定部分对应某些类型的梦。例如，阁楼以其清晰且功能化的造型、眺望城市的视野及其醒目的木结构为特征，作为白天进行理性思考的地方。然而在地窖内，则代表了另一方面——隐秘于其中的是谜一般的潜意识，以及对于黑夜的非理性恐惧。"它是住宅当中首要的、也是最重要的黑暗领域，与地下的力量息息相关。当我们在那里做梦时，便与黑暗深处的非理性和谐相处。"[1]这些关联性我们并不陌生，在诗歌与文学作品中比比皆是。也许有人会说，这些东西非常传统。然而它们之所以重要，是因为我们实际体验到的这一空间并非客观现实的空间，它具备深远的文化意义。这是一种人文的建构。建筑师，无论他们认为自己有多理性，在处理空间科学的同时，不可避免地涉及诗意。

1951 年，德国哲学家马丁·海德格尔（Martin Heidegger）在一场演讲中发表了一篇题名为《筑·居·思》（Building, Dwelling, Thinking）的文章。文章以建筑为例——黑森林里的一间古老农舍。阐述了人类经验中最基本的体验，即"居住"的体验。[2]海德格尔所考虑的是存在（being）的问题。很难想象还有比这更重要的哲学话题。然而，"存在"这个词本身既可以是动词又可以作为名词，非常难处理。因为我们无法想象它存在于世，但又不依托于某个地方。一切生物，包括人类，都需要存在于某处，而这个所谓的"存在于某处"就是海德格尔所说的栖居。他指出，"栖居"（dwelling）所对应于德语古文"buan"，而"buan"正是现代德语"bauen"，即"房屋"一词的词根。因此，从某种意义上讲，栖居和房屋所表达的意思相同。更重要的是，它们与思想本身密不可分，而思想正是海德格尔这样的哲学家所积极从事的领域。思想自身，如建筑一样，在某种程度上似乎是空间化的和结构性的。它之所以如此，是因为它作为人类的表达——人类只能通过其空间化与结构性的身体，来体验并理解这个世界。科学所提出的客观世界或许存在，但我们永远不可能确切地知道。我们唯一能够直接认知的世界，便是我们身体和心灵的主观世界，我们所栖居的这个世界，也正是建筑所塑造的并且要改变的世界。

现代空间

在上述对人类空间的讨论中，我们主要考虑的是带有房间、阁楼与地下室的传统建筑。那么现代空间又是怎样的呢？并非所有建筑都会将房间封闭起来，内在化状态（interiority）只是建筑空间众多特征中的一种而已。20 世纪的现代主义建筑师似乎总是想彻底废除内在性，用一种既非室内也非室外的新型空间来取代它。在大多数建筑中，出于一些通常的现实原因，例如与气候相关的密闭性和安全性，可以通过关闭门窗的方式将室内与室外隔绝开来。密斯·凡·德·罗（Mies van der Rohe）设计的巴塞罗那德国馆（the Barcelona Pavilion，1929 年）并没有采用门窗来闭合空间，这通常作为案例来展示现代主义者对空间的态度。它的玻璃幕墙和抛光的大理石墙壁，它细长的镀铬金属立柱以及它薄薄的平屋顶，上述这些都不足以将空间封闭在一个盒子状的房间里，而是让人在房间里随心所欲地徘徊，不必局限于到底是室内还是室外。那我们又如何从现象学的角度来解释该作品呢？

答案或许就存在于诸如"开放""自由"和"流动"之类的词语当中，我们用上述词语来描述该建筑。如果房间的格局呼应了人们对于家园的心理需求——正如我们的身体容纳我们的心灵，家园便以同样的方式容纳我们。那么现代主义空间就呼应了人类逃离那个封闭的家、走出去并探索世界的心理需求。但这里存在一个悖论。建筑大多属于一种固定的、永久性的结构物，然而它们却能够传达出自由与解

密斯·凡·德·罗设计的巴塞罗那德国馆是对动态现代空间——或称"现代主义"空间——最好的注解。这里并没有明确限定房间，甚至室内与室外之间的区分也不那么严格。整个空间是开放的、自由的和流动的。

脱的意向。正如我们在想象中超越自身的局限性一样，建筑具有超越其本身自然属性的力量。

建筑类型

　　巴塞罗那德国馆是一座几乎没有具体使用功能的房屋，一栋纯粹象征性的和礼仪性的建筑，然而大多数建筑都容纳着人类的日常活动。我们倾向于按照建筑所承载的人类活动类型对它们进行分类，而且我们期望这些建筑中的空间能够容纳并支持相应的活动。1976 年，建筑史学家尼古拉斯·佩夫斯纳（Nikolaus Pevsner）出版了一本名为《建筑类型史》（*A History of Building Types*）④ 的书，该书便是以这种分类系统为基础编写的。书中涵盖政府办公楼、剧院、图书馆、博物馆、酒店、商店、工厂等章节。这是一种典型的现代主义建筑史观。许多 20 世纪的现代主义建筑师认为，从人类使用的角度来看，一座房屋的功能可以相当精确地界定下来，而且建筑应该为满足其功能而设计。人们希望通过对功能进行详细分析，设计出史无前例的新形式以及新建筑。这一理念在雨果·哈林（Hugo Häring）、汉斯·夏隆（Hans Scharoun）以及阿尔瓦·阿尔托（Alvar Aalto）等建筑师的作品中尤为明显，与密斯·凡·德·罗或早期的勒·柯布西耶不同，他们拒绝了如同机器般的规则性，而提倡一种更自由、更有机的形式，能

---

④　书中描述了 20 种类型的建筑，包括国家纪念碑、图书馆、剧院、医院、监狱、工厂、酒店以及许多其他公共建筑。出于实际原因，教堂和私人住宅被排除在外。作者不仅关注每种类型随着社会和建筑变化而发生演变，也关注对功能、材料和风格的不同态度。

在汉斯·夏隆设计的柏林爱乐乐团音乐厅的门厅中，正如平面图所示，其空间形态是专门按照音乐会观众到达与离开的流线轨迹和节奏设计出来的。这里直线性和对称性都未被采纳，因为两者都是静止的与抽象的，而非动态与人性化的。

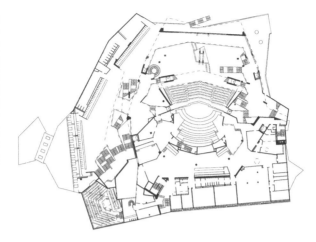

①

在爱乐乐团的观众席里，空间适应了观众的心理需求与生理需求。小听众席的聚集给人以亲切感，让人能够与少量的听众朋友共享音乐体验。

够为人类活动量身定制。例如，我们看一看著名的柏林爱乐乐团音乐厅（Philharmonie concert hall），由夏隆设计。建筑的门厅和交通空间并不规则，它们按照音乐会听众进入建筑的自然流线营造出来——听众先将自己的外套存放在衣帽间，三五成群作短暂停留，再各自慢慢步入演奏厅。当他们进入大厅并找到自己的座位时，他们发现自己处于众多的小听众席当中，每个听众席都界限明晰，都有独一无二的视角。因此，听众在欣赏音乐的时候，他们可以想象自己正与一群朋友在一起，而非置身于互不相识的都市人群当中。在这里，建筑不仅仅满足了功能要求，而且巧妙地回应了人的使用模式，包括他们的心理维度。

按照佩夫斯纳的功能主义历史观，西方建筑是紧跟不断变化的社会模式和机构发展起来的。随着新型机构——政府机关、博物馆、医院、火车站的出现，为满足相应需求，新的建筑类型应运而生。但奇怪的是，随着历史发展，与创新相比连续性和传统变得愈发重要。例如，我们来看看医院的历史。正如佩夫斯纳指出的那样，医院（hospital）、旅社（hostel）、救济院（hospice）以及宾馆（hotel）的英文单词全都源自拉丁语"hospes"，意思是做客或招待。在医院发展的早期历史中，要想将照顾病人的概念与更广义的"热情好客"的概念区分开来并不容易。在一个典型的中世纪修道院中，来访的朝圣者其就寝空间的建筑格局与医院或"养老院"（infirmary）非常相似，而且这两者似乎都是从礼拜堂和教堂那里借鉴来的建筑形式。一条长长的过道空间通向祭坛，床铺就布置于走道两侧。而 500 年之后，我们不难发现这种组织形式在医院病房的平面中延续下来，这一平面布局受现代护理创始人弗洛伦斯·南丁格尔（Florence Nightingale）的青睐。到了 19 世纪末，医院的平面布局已经采取了一种几乎机器般的理性方式，将南丁格尔街区式的病房平行排列或者呈放射状排列，以简化交通流线和排水系统，同时优化通风与采光。所以说，尽管这些安排显然是由功能决定，然而它们仍建立于传统原型的基础之上。

精神病院也采取了类似的平面布局。在这里，患者在接受照顾的同时也受到约束。我们立刻又想到了 19 世纪的监狱，其中病房区变成了监狱牢房，但是总体平面却非常相似。如今，南丁格尔式的病房格局已经不再流行。患者，尤其是在私立医院，更愿意住单间病房。可是这样一来，病房与一间附加了医疗设施的酒店房间相比，又有什么区别呢？于是我们又回到了款待与安置访客的原初概念。因此，建筑的类型并没有我们通常所设想的那样决然不同。医院、收容所、监狱以及酒店属于同一组别，它们之间的界限并不总是那么明确。我们还可以向该组别增添更多的类型：孤儿院、公立学校、兵营、养老院。

从医院的建筑历史我们还可以发现另外一个现象，即有些特定的建筑形式，例如长长的教堂中厅或者"巴西利卡"都"穿越时空"延续了下来，并且适应了新的功能。（我们认为巴西利卡是西方基督教教堂中最常见的形式，但它最初源自一种世俗的罗马建筑，它将法庭与集市的功能结合为一体）新的建筑类型很少采用新颖的建筑形式。实际上，如果我们从城市的视角看待建筑的话，那么整个针对特定功能而展开的设计业务——佩夫斯纳式的按功能类型进行建筑分类——

这是一座修道院中世纪时期的平面示意图。该图非常清楚地表达出这样一种理念，即建筑依据其承载的功能而采用特定的形式。不过，这些形式延续了它们自己的生命，在其原初功能发生改变并适应了新的功能之后，它们仍长期存在。

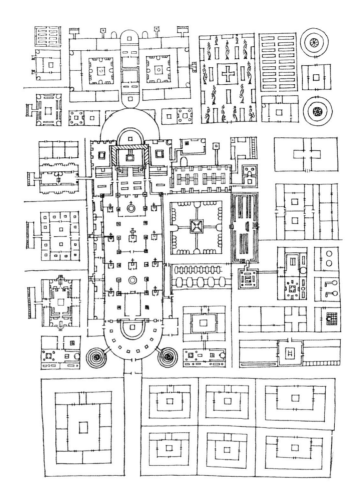

看起来就值得商榷。阿尔多·罗西在其著作《城市建筑学》中将它称为"天真的功能主义"。对罗西来说，类型学的确是建筑的一个重要方面，但它与形式的关联性要远远大于功能。例如在罗西看来，将公寓楼定义为一种建筑类型并非由于它具有居住功能，而是因为它属于一种常见的形式——多层的、单元式的结构，它构成了传统城市的"背景式建筑"。其他的建筑类型可能包括：长方形会堂（basilica）、集中式穹顶建筑、塔楼、展览建筑、内向型庭院建筑等。这些类型是传统的——它们是沿袭下来的，而非创造发明——并且它们在传统城市当中自然占有一席之地。传统城市——这座保持了记忆的城市，它的形式与功能之间的联系相当松散且短暂。

位于曼彻斯特的斯特兰韦斯监狱（1869年，左图）以及位于伦敦的大学学院医院（1906年，右图），均由阿尔弗雷德·沃特豪斯（Alfred Waterhouse）设计。从造型上，我们很难区分哪个属于监狱，哪个又是医院。就建筑类型而言，监狱与医院非常接近，它们都是从中世纪修道院的宿舍、慈善收容所以及疾病看护所借鉴而来。

　　某些建筑形式可以长期使用，即使当初为它们所设计的功能已经改变了。我们以伦敦的贝德福德广场（Bedford Square）为例来说明。它的设计初衷是为 18 世纪的富裕家庭及其仆人提供住所，然而现在已经没有人居住在那里。这些耸立的联排式住宅，共同构成朝向花园的宫殿式的建筑外立面，其如今容纳的则是办公场所、专业机构，甚至有一所建筑学校。如果一位建筑师要设计满足上述功能的新建筑，不太可能会选择这种高耸的联排式住宅形式。然而，保留它则是为了让广场看上去和从前一模一样。在这种情况下，城市形式已经超越了原初孕育它的经济、社会和技术条件。但它并没有沦为废墟，因为我们愿意与之一起生活，并愿意调整我们的生活以适应它。这些建筑已经做过大量室内改造，例如在分户墙上开设门洞，以便形成办公室套间。但贝德福德广场仍是原来的贝德福德广场。同样的情况，遍布于整座城市。老房子正通过改造获得新的用途——住宅改成了办公室，工厂改成了 LOFT 公寓，电影院改成了酒吧，教堂改成了音乐厅。有时候老房子被保留下来，是因为我们对它已经有了感情，我们舍不得将其拆毁；有时候保留它们，只是因为改造房屋的成本要比新建建筑的成本更低廉。

建筑与社会

　　当我们在谈论建筑功能类型时，通常是指建筑物所容纳的机构，而非容纳机构的建筑物。建筑的组织关系反映了社会结构，传统观念认为，建筑总是为当权者服务。当米歇尔·福柯想用一个具体案例来阐述他的理论时——有关西方社会实质上是纪律性的，他选择了一个建筑方案，即圆形监狱（the Panopticon）。这是一种由功利主义哲学家杰里米·边沁（Jeremy Bentham）发明的监狱形式。[3] 在圆形监狱方古代的建筑类型，如巴西利卡（左图，原圣彼得大教堂的平面图，位于罗马）以及庭院式住宅（右图），仍然作为我们现在所说的"设计策略"而存在。它们可以适应许多不同的功能，并且能够从纯粹使用的角度证明其合理性。而对于传统的尊重，也为这些建筑带来活力并使它们经久不衰。

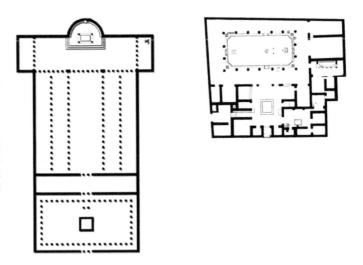

案中，19 世纪的医院、精神病院、监狱等建筑平面所体现出的理性，被认为是合乎逻辑的结果。此类建筑在平面上呈圆形，单元式的牢房环绕于周边，每间牢房内的一举一动都能被中央监控点看到。监控人员随时可以查看所有囚犯，然而囚犯永远看不到监控人员。他们甚至无法知道监控人员是否在场，因此他们只能时时刻刻遵守纪律，以防监控者在场。这简直就是 19 世纪的"闭路电视监控系统"。

在这里，它可以作为一个非常清晰的案例，以表明建筑设计所赋予的形式不仅是为了满足相关机构的功能需求，而且符合社会的价值观与权力关系。正如我们所见，不同名称的建筑类型（医院、精神病院、监狱），在建筑层面上往往是可以互换的。其中的区别并不在于建筑本身，而在于我们为这些建筑所贴的标签。在进一步的设计层面，也是如此。例如，在一所像学校这样复杂的公共建筑当中，建筑师设计的空间将会贴上与客户任务书中指定的活动相对应的名称：教室、礼堂、教研室等。但这些只不过都是名称罢了。如果由于某种原因，这座学校没有存在的必要了，却需要一座体育中心，那么该建筑无需进行大规模改造便有可能很好地满足这一新需求。教室将成为培训室，礼堂将成为篮球场，教研室将变成咖啡吧。或许，现代主义者对于功能设计的强调——将形式精确地匹配于人类使用的模式——是不现实的，因为它太僵化了。如果我们知道在建筑破败之前，原定这些功能早都已经变了，那么我们拟定详细的设计纲要（包括建筑面积和特定功能的设备布置）又有什么意义呢？如果我们将建筑设计得简

伦敦的贝德福德广场
不再承载其原初设计
的功能。这些为贵族
设计的联排别墅已成
为出版商的办公室与
文化机构的所在地，
其中还包括一座建筑
学校。建筑形式可以
原封不动地保存下
来，这是因为它受人
们的喜爱并成为大家
记忆的一部分。

单一点，能够满足各类活动的基本需求，之后随着功能需求的变化与
发展，我们再变更建筑身上的标签，这样可能更有意义。但这与哈
林、阿尔托和夏隆所采用的建筑方法正相反，并且会导致一种截然不
同的建筑风格。

在距离夏隆设计的柏林爱乐乐团音乐厅仅数百米的地方，是由密
斯·凡·德·罗于 20 世纪 60 年代设计的德国新国家美术馆（German
National Gallery）。当然它的功能差异显著，也许有人会争辩说美术馆
的空间要求比音乐厅更简单。尽管如此，这两座建筑基本上都属于现
代建筑，在处理空间与功能两者关系上却代表了截然不同的方法。德
国新国家美术馆是一座神庙造型的钢结构玻璃体建筑。其建筑平面大
致呈正方形，坐落在一个由石材铺贴的基座上，形成一个封闭的单一
空间，中间仅有一对电梯井和楼梯间。该空间作为一个宏伟的门厅，
也可作为临时展厅来使用。常设展览则安排在楼下几乎未开设窗户的
基座层，它们与办公室、卫生间等附属空间共用一个楼层。这座建筑
是 20 世纪西方文化的一座丰碑（修建时，西柏林 ⑤ 还是民主德国的一
座"孤岛"），它也是一种建筑原则的抽象表达：即宽松适度而且功能
灵活这一原则。

---

⑤　西柏林（West-Berlin）是对 1949—1990 年间柏林西部地区的称呼，属于 1945
　　年二战结束后建立的美、英、法占领区。西柏林坐落在民主德国境内，是一
　　座"孤岛城市"，或者说是西德在东德境内的一块飞地。虽然法律上西柏林应
　　当属于联邦德国，但实际上西柏林仍属于美、英、法三国管辖。

位于斯泰特维尔的伊利诺伊州立监狱是一座圆形监狱，属于杰里米·边沁发明的监狱类型。它就像一个完美的图解，表达了其功能。而位于周围一圈牢房内的所有囚犯，都在中央监控点的监视之下。如果监控人员一直处在暗处，他甚至不必待在岗位上，就可以对囚犯形成震慑作用。

密斯·凡·德·罗设计的德国新国家美术馆紧邻汉斯·夏隆设计的爱乐乐团音乐厅。两座建筑建成时间接近，却截然不同。在美术馆空间中，抽象化是其前提条件，即其功能必须适应性强。因此，空间设计中定制的更少，但灵活性更强。

形式与功能操控

这一原则也往往应用于一种更常见的建筑类型——现代办公大楼。办公空间的内部通常可分为两种模式：单元式的平面与开放式的平面，而大多数办公楼都是这两者的结合。这种场景我们都很熟悉：重要人员都拥有自己独立的房间，一般人员则与几位同事共享一个房间。有时候，共享办公室根本就不是一个房间，而是建筑的整个楼层，以家具和独立式卡位进行分隔。单元式办公室往往占据建筑中的最佳位置，靠近楼层外围，以便充分利用自然光且视野开阔；而较低层级的办公室，尤其是在像纽约摩天大楼这一类典型的"大进深"建

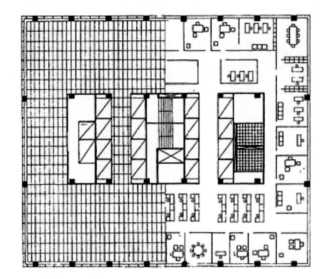

一座高层办公楼的典型楼层的建筑平面图。设计方案为一个开放式的服务空间,它能以不同的方式进行分隔,以满足不同用户的需求。建筑外墙与核心筒作为固定设施,然而其隔断、家具和室内景观则是可变的。

筑当中,则布置在人工照明的、毫无窗景可言的内部区域。就建筑而言,这种划分阶层的方式可能不如整体灵活性的概念那么重要。单元式办公室的分隔墙肯定可以拆卸。因此,当该机构的人员编制发生变化时,或者楼层租给另一家新机构时,整个空间就可以重新布置,而且单元式与开放式平面两者之间的比例也可以调整。

由此,建筑的基本结构可以分两种:一种是相对永久性的结构,即建筑外墙与服务系统;另一种是相对临时性的室内装修。在这一思路下,更为激进的版本就是"全方位广场"(omniplatz)⑥——一种开放性的、灵活化的、服务水平高的区域(zone)。从理论上讲,任何事情都可以发生在这种空间中的任何地方。而在这一方面,最成功的早期案例是巴黎的蓬皮杜艺术中心(Centre Pompidou)。在 20 世纪 70年代该建筑在世界范围内为所谓的高技派风格(High Tech style)树立了标杆。众所周知,蓬皮杜艺术中心的建筑外立面挂满了色彩斑斓的管道与管线,包括一条长蛇形的自动扶梯管状通道——位于朝向室外广场那一侧。该建筑将所有通常被隐藏在建筑内部的结构构件和服务设施全部甩到了建筑外部,以创造出楼层空间连续不断且服务水平又很高的室内空间。这座建筑可以容纳各种活动或功能——图书馆、美

---

⑥ "全方位广场"是高技派建筑的核心概念。它倡导一座建筑及其室内空间没有必要进行绝对划分,但能落实一系列所期望的功能。

巴黎蓬皮杜艺术中心是一座最具代表性的灵活可变的建筑。建筑剖面图与平面图显示出，其规模有运动场那么大的楼板在完全不分隔的情况下能够胜任几乎所有功能。为了实现这一目标，建筑所有的服务设施（例如，自动扶梯和空调管道）都被甩到外部，成为建筑外立面表现的一部分。

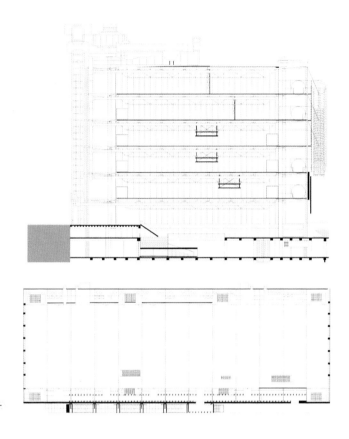

术馆、剧院、电影院、音乐厅、餐馆。从理论上讲，它们也可以设置在建筑中的任何地方，而且在必要时这些东西可以随意搬动，而无需对建筑的永久性部分进行改造——这种改造既昂贵又具有破坏性。这一基本概念衍生出各种不同的版本，出现在 20 世纪末众多建筑当中。

美国建筑师路易斯·康（Louis Kahn）十分善于将建筑理念提炼为令人难忘的短语，他曾讨论过"被服务空间与服务空间"的概念。[4] 被服务空间是人类主要活动的区域；而服务空间则是电梯、楼梯、管道、厕所和机房等这些必要区域，给人们提供服务。路易斯·康在 20 世纪 50 年代后期设计的费城理查德医学研究中心（Richards Memorial Laboratories）中非常清楚地表达了这一点。其中，玻璃塔楼容纳着实验室，它附带了一些细长的砖砌塔楼，这些砖砌塔楼容纳的是服务空间。然而在路易斯·康的建筑中，被服务空间并不是那种毫无特色的灵活空间，而是一些经过专门设计的房间。他

建筑也可以是非房屋化的吗？路易斯·康认为，某些社交场合（例如，老师与班级）也属于建筑原型，应该在建筑的空间组织中予以尊重。

美国加利福尼亚州的萨尔克生物研究所由路易斯·康设计。建筑主要由宽敞且灵活的实验室空间组成。然而，该建筑的大部分照片都展示出这些小型"住宅"式的造型特征，其中容纳了研究人员的私人工作空间。深入思考需要独处一室以及私密性。研究性的工作场所，正如教室一样，也是一种原型空间。

认为"功能"并不仅仅是实际的布置，而且也是原型社会机构——深深地植根于文化当中。例如他认为，每一次老师上课的时候，他（或她）都会重启一种古老的仪式。这种仪式具有自己的空间传统，也许源自静坐于树荫下布道的宗师（guru）与他的追随者这类形式。一块界限不明、存有边边角角的地板空间，几乎难以胜任如此重要的活动。相同的原则也适用于画展、围着一张桌子吃饭或者独自一人坐着读书。路易斯·康著名的项目——萨尔克生物研究所（Salk Institute），坐落在美国加利福尼亚州的拉霍亚（La Jolla），项目于1966年竣工。该建筑为科学家们提供了独立的研究室，这些研究室分布于小体量的房子当中，可以俯瞰主庭院以及前方辽阔的太平洋。因此，静心研究这一原型活动，便从实验室本身的半工业化环境中分离出来，并获得其自身的建筑表达。

此外，还有各种不同的方式来操控形式与功能之间的关系。不过，关于整个建筑类型的概念——它们以功能或者机构名称来界定——从本质上讲是否有些保守呢？建筑往往是为各类机构提供服务，提供相应的机制以促使社会规范有序。那么，建筑是否就应该依照这种服务性的角色来定义自己呢？难倒它不应该享有其本身的自主性吗？许多前卫的建筑师和建筑理论家都尝试过，将建筑从权力与金钱的奴役中解放出来。有时候，这类抗争涉及新建筑类型的发明创造，就好像建筑师与机构之间的权力关系可以颠倒过来一样，而且只需简单地通过设计适合它们的建筑从而引导社会适应新的行为模式。

在 20 世纪 20 年代，苏联的建筑师、规划师们就新生社会主义国家的住宅的恰当形式进行了一次又一次地辩论。其探讨的问题在于：传统的家庭功能（烹饪、就餐、洗涤、沐浴、娱乐）究竟应在多大程度上实现公共性。他们制定了相关方案，也实际建成了一些项目。其中，个人居住单元仅仅提供最低限度的睡眠、休息与私人储物空间，而所有其他的功能设置于食堂、盥洗室以及俱乐部的房间内。当然，在学生、护士与流动工人的宿舍中这种组织方式并不罕见，但此时它被视为一种新的大众住宅模式。其理念在于，拥有千百年历史的居家房屋和住宅这类老旧"机构"，终将被淘汰。莫斯科的"纳康芬公寓楼"（the Narkomfin apartment block）⑦ 由莫伊塞·金兹堡（Moisei Ginsburg）设计于 1928 年。其中每间公寓单元都配备一个微缩的壁龛式厨房，以便公寓住户在完成"向更高级的生活方式过渡"之后，再将这些壁橱拆掉，从而开始享用旁边建筑所提供的公共餐饮空间。[5] 街区式公寓作为一种建筑类型，便与工人俱乐部合并为一体，成为"社会凝结器"，其中容纳了体育馆、图书馆以及剧院等娱乐和教育设施。在这里，建筑师所做的不仅仅是去满足执政当局之所需，而且要以主人翁的姿态，为建设一个崭新的社会积极贡献自己的一份力量。

最近，建筑理论家——例如伯纳德·屈米和他的追随者们，试图通过一种不同的、非机构化的方式（non-institutional way）来思考人类活动，从而将建筑解放出来。受文学与电影启发，他们尝试着想象如果将典型的建筑图解或者方案替换为一种故事或者叙事的形式，即对

---

⑦　纳康芬公寓楼，又名（苏联）人民财政委员会公寓楼，现坐落在俄罗斯首都莫斯科市中心附近。它是前苏联构成主义建筑师、理论家莫伊塞·金兹堡（1892—1946）的代表作品，设计建造于 1928—1930 年间。该公寓楼是当时所倡导的共产主义生活方式的一个样板。

莫斯科纳康芬公寓楼的设计者认为，一座建筑的空间布局实际上有可能改变人们的行为方式。该公寓单元中厨房的面积很小，以期望居民最终能够"过渡到更高级的生活方式"，并将使用公共设施。

一系列事件进行描述——随着时间的推移，这些事件可能出现于建筑内部或其周边，那结果将会怎么样呢？毕竟，电影和小说中的场景的确常常包含建筑题材。大多数故事都需要一个想象的物理环境——街道、住宅、工作场所和公共建筑，事件就在这里发生。这种想象的物理环境（或者取自现实生活），它与建筑师对新建筑的构想并没有太大的不同。它亦被看作等同于建筑师作品的图解。尽管建筑图解受限于偏见、固有规范以及潜在的社会管控机制，然而故事却是一种自由想象的创作。

伯纳德·屈米的《曼哈顿手稿》（*The Manhattan Transcripts*）首次出版于 1981 年。作为其系列方案中的第一个，屈米发展了一种图形再现系统，它以三幅小正方形图像为一组对建筑作品（如果可以这样称形式与功能之间的关系是一种专制关系的吗？建筑能否建立在对人们生活的"叙事"当中，而非基于那些既定的机构与习惯？伯纳德·屈米的《曼哈顿手稿》便探索了这一想法，并创造出另一种类型的建筑。

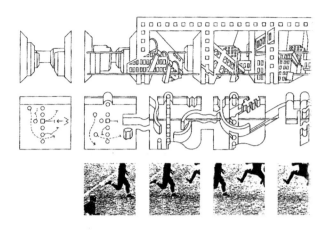

呼它的话）进行描述。每一组图像包含一幅照片、一张线条图以及一个图解。照片代表一个事件，线条图代表物理环境，而图解则代表运动。其叙述方式采用了我们所熟悉的形式——惊悚小说或侦探故事。故事背景发生在曼哈顿的中央公园：凶手尾随受害者，案发，追捕，发现线索，凶手被抓获。如果没有其他说明，我们无法从图中阅读出这个故事，也很难将其视为一个建筑方案。尽管如此，它仍具有启发性。因为它让我们看到了传统的、以机构类型来区分的建筑是如何制约人们的生活与想象。

将空间"滥用"可以获得一种出其不意的效果。例如，在一家工厂里举办派对或在集市广场上设置一个游园活动。在屈米《曼哈顿手稿》的另一个方案中，一个城市街区中的五个普通庭院被各种奇怪的、不搭调的活动所占据，例如滑冰、高空走钢丝以及历史上著名战役的重演。其问题的关键，并非在于我们应该偶尔抛弃礼节或者无视规矩，而是说在日常生活中我们一直都在"滥用"建筑空间。在一座建筑当中实际发生的事情如此复杂且有趣，以至于正式的功能列表都无法一一涵盖。人们并非仅仅在办公室里工作，在会议室举行会议，在咖啡厅喝咖啡，以及在走廊里忙忙碌碌，就像一些令人不适的广告片中演员们所扮演的那样。他们会白日做梦，会阴谋政变，会偷东西，会逃跑，会巧遇，也会坠入爱河。真实的人类活动共同构成人们的生活故事，而且人们也顽固地拒绝依照这些空间预设的功能开展活动。功能与形式之间的关系，空间与生活之间的关系，要比建筑师通常的设计更为丰富。然而，我们也很容易在遵守既定程式的情况下——例如简要列出空间的需求，并通过平面图、剖面图和立面图展示设计方案——从而失去这种丰富性。

原文引注

1　Gaston Bachelard, *The Poetics of Space*, John R.Stilo, trans. Orion Press, 1964, p18.

2　*Martin Heidegger*: *Basic Writings*, David Farrell Krell, ed., Routledge, 1993, Chapter VIII.

3　"全景敞视主义"（Panopticism）参见 Michel Foucault, *Discipline and Punish*, A.Shendan, trans., Penguin, 1977. 节选自 *Rethinking Architecture*, N.Leach, ed., Routledge, 1997.

4　参见 'Talk at the conclusion of the Otterlo Congress（1959）', 出自 *Louis Kahn*: *Essential Texts*, Robert Twombly, ed., Norton, 2003.

5　参见 Victor Buchli, 'Moisei Ginzbury's Narkomfin Communal House in Moscow: Contesting the Social and Material World'in *Journal of the Society of Architectural Historians*, vol.57, no.2（June 1998）, p160-181.

第 5 章 真实
Truth

在雕塑中，结构与外观之间的关系常常具有迷惑性。雕像中的马不必像真实的马那样完全依靠双腿支撑，其铜质的尾巴也对整体稳固性有利。但在建筑当中，诚实地表现结构已经成为一种正统观念。

　　勒·柯布西耶曾对建筑所下的著名定义，即建筑是"阳光下形体精湛的、得体的而且辉煌的表演"。如果我们的兴趣在于建筑整体，而不仅仅在其视觉方面，那么该定义显然具有较大的局限性。这是作为艺术家、画家和雕塑家，而非作为建筑师或者哲学家的勒·柯布西耶对建筑的表述。为了进行批判性或者历史性的研究，建筑通常与绘画和雕塑混为一谈，但实际上建筑与那些艺术形式有很大的不同，原因也显而易见。例如，事实上建筑需要解决现实的功能问题，因此不能仅仅依据审美标准进行判断。在上一章中我们已经了解到，从人类使用的意义上讲，空间与功能之间的关系是如何成为建筑理论中的重要主题。现在则是时候思考一下结构与构造的理论意义了。这一方面的建筑理论，有时被称为"建构学"（tectonics），它源自希腊语，与木匠或者建筑工人有关。

　　当然，即便是雕塑作品也必须安全地建造并耸立起来，然而其结构——真实地承受荷载并使形态固化下来的那部分——往往会被隐藏或伪装起来。例如，让我们回想一下那些马术雕像。其中的骏马高正是奥古斯都·普金（A. W. N. Pugin）这样的 19 世纪建筑师，在 1846—1851 年推动了哥特式建筑的复兴运动。右图是他设计的圣奥古斯丁大教堂，位于英国拉姆斯盖特。他们认为哥特式建筑随意性的、不对称的建筑布局是对人类日常使用方式的忠实呼应。哥特式建筑的结构也非常诚实，没有刻意隐藏什么，而是被完整地展示出来。下图是巴黎圣母院局部剖面图。

高地扬起前蹄，一幅栩栩如生的样子，显然它只是靠两条后腿在支撑。直到最后我们才弄清楚，原来马粗壮的尾巴刚好触碰到地面，这正是让雕塑整体形态得以稳固的诀窍。在雕像当中，真实的结构表现是次要的。观者的注意力主要集中在该雕塑所表现的事物上，而非它的载体——青铜铸件本身。正如我们在本书第 1 章中所述，建筑也可以具有再现性，但这并非其显著意图。在日常意义上，建筑并没有义务去再现任何事物，因为它要完成更直接的功能任务。也许，这就是为什么建筑结构需要引起我们关注的原因。例如，建筑师必须对建筑结构被迫做出抉择——是显露于外，还是隐藏起来？要让柱和梁清晰可见，还是将其嵌入墙壁和天花板之内？一旦人们需要做出这样或那样的抉择，建筑理论势必出现，以告诉我们这样做的优劣之别。

诚实原则

那么结构是应该展示出来，还是隐藏起来呢？在 20 世纪的大部分时间里，以及在建筑主流观点当中，其答案一直都是"展示出来"。为什么要这样做呢？因为人们认为这样更为"真实"。这一点都不难理解。显然，将某物展示出来代表着开放和诚实，而将它隐藏起来，可能会被视为狡猾和隐秘。我们究竟是在思考人，还是建筑呢？为什么一座建筑就应该是诚实和真实的呢？这样说来，整个概念似乎突然间显得有些可疑。我们可能希望将道德和道德标准应用于建筑设计和建造的实践当中，正如我们对待任何社会事业一样。但是如何将"道德"与"诚实"之类的词语应用于通常的实际问题中，例如梁和柱的排布。这似乎不切实际，然而经过了大约 150 年的时间，它逐渐成为正统观念。建筑中这种诚实的概念不仅仅限于结构展示，它也适用于材料使用，以及建造方法的视觉呈现。正如 19 世纪的艺术评论家约翰·拉斯金（John Ruskin）在 1849 年出版的《建筑的七盏明灯》（*The Seven Lamps of Architecture*）一书中给予我们最为清晰的表述。在"真理之灯"（*The Lamp of Truth*）这一章中，作者反对任何形式的欺骗，例如"所暗示的结构模式，并非其真实的支撑方式""材料表面所描绘的，是另外一种材料的纹理"以及"使用任何铸造的或机器制成的装饰物"。[1] 对于我们来说，最后一条反对意见似乎相当怪异。（如今）我们所生活的世界几乎一切都是由工厂制造的，包括大部分建筑。采用机器制造的装饰物这类想法，相对而言似乎并没有什么不妥。然而，在拉斯金所处的那个时代，具有数百年历史的古老石雕工艺才刚刚开始被大规模生产的铸铁装饰品所取代。

拉斯金热爱那些被我们称之为哥特式的中世纪建筑，他孜孜不倦地将哥特式复兴作为当时公共建筑的最佳风格。他热衷于哥特式建筑，因为哥特式建筑是诚实的。教堂、修道院和大学这些建筑采用随意的、不对称的平面布局，这是一种诚实的表现，因为它们公开地揭示出空间之间的功能关系。为什么一座教堂的门廊就不应该设置在偏离中心的位置，如果那是出入建筑最便捷的地方呢？哥特式建筑的结构非常诚实，这是因为如果你想要知道哥特式大教堂是如何支撑起来的，你唯一需要做的便是抬起头来，看一看网状的拱顶架于肋拱上，而肋拱又架在柱墩上。从建筑的外观你很容易就能看到扶壁，它成为该结构系统的收尾部分。除此之外，它的建筑材料与施工方法也非常诚实：石材全部为手工雕刻，没有任何伪造之处，也没有采用任何机器制造物。

　　然而，哥特式建筑这种所谓的诚实并不像一开始看上去那么简单。例如，将石柱的柱头雕刻成一种叶状花环，这有多诚实呢？它们毕竟不是真实的叶子。它们不会生长，也不会枯萎。它们是人造的或是假冒的枝叶，旨在给人一种生生不息的错觉。然而对于拉斯金来说，这种不诚实却是可以接受的，因为没有人会真的受到愚弄（不过在展厅和购物中心这一类现代建筑的中庭空间当中，其放置的人工植物常常让人误会）。他也指出了一些例外情况。例如，镀金——它明确将一种材料装扮为另一种材料——在建筑中是允许的，因为没有人会将镀金的木材或石头误认为是纯金的。然而在珠宝当中这样做则完全应该受到谴责，因为在那种情况下，有人可能确实会误认为它是纯金的。不过，这些都是相对次要的细节。19 世纪的哥特式建筑是一种诚实的表现，当然对于上述观点真正的反对意见在于，其实整个复兴运动都是在伪造——对一种更古老的风格进行模仿。我们必须返回到大约 500 年前才能找到其真实版本。哥特式建筑是基于中世纪英国的物质和文化条件自然发展出来的。当它被人为地复兴，以服务于一个技术能力突飞猛进的截然不同的社会，这就是极不合逻辑的地方。人们可以复兴某种风格的一切细节，除了它最重要的品质——原创性。

　　20 世纪的现代主义者注意到了这种荒谬性，并着手尝试重新建立社会及其建筑之间的有机联系。他们不再模仿古老的风格，而是让自己适应机器时代的精神，并针对当今的社会和技术问题提出新的解决方案。创新与发明将取代传统和模仿。拉斯金和哥特主义者一直反对机械化的现代工业，主张退回到中世纪的梦幻当中；而中世纪的建筑之所以美，是因为建造它的工匠们乐在其中。现代主义者反其道而行之：他们拥抱工业，并尝试以工业产品的方式来打造建筑。新建筑

勒·柯布西耶曾经说过，住宅是居住的机器。然而他设计的住宅，正如著名的萨伏伊别墅，看起来更像是三维空间中的纯粹主义绘画，而非功能主义的机器。

将是对新社会的诚实表达。"真理之灯"（lamp of truth）大放光彩，但对诚实的坚守却变得愈发粗糙、狭隘和教条。

高技派

诚实原则在 20 世纪的版本中，在众所周知的"高技派"建筑风格当中被清晰地呈现出来。这种风格盛行于 20 世纪 80 年代的英国。[2]正如诺曼·福斯特（Norman Foster）、理查德·罗杰斯（Richard Rogers）和尼古拉斯·格雷姆肖（Nicholas Grimshaw）这一类建筑师认为，他们的建筑是由工厂制造的轻巧构件——"成套的零件"——组装而成，而非采用笨重的实体结构自下而上地建立于坚实的基础之上。这些建筑不仅仅是由零部件装配而成，而且它们看上去也像是成套零件的样子。建造的特性在其建筑中获得了"诚实"表达。在现代主义中，将建筑与机器相提并论的传统已经有一段时间了。例如，勒·柯布西耶在他极具影响力的《走向新建筑》一书中，将建筑图片与轮船、飞机和汽车的图片并列在一起。他还在书中提出，住宅是居住的机器。不过，这种对比主要是在概念层面，而非视觉上。如果勒·柯布西耶的纯粹主义别墅，例如萨伏伊别墅，看上去有点像远洋客轮的话，这并不值得大惊小怪。因为人们可能会认为，远洋客轮的上部结构已经是一座建筑。它只是恰好搁在了漂浮的船体上。勒·柯布西耶的建筑与飞机、汽车或者其他种类的机器并无相似之处。

然而，高技派建筑看上去的确就像机器一样。它们由金属和玻璃等合成材料建造，而不是像石头与木材这一类天然材料。建筑师抓住一切可能的机会，将它们闪亮的、铰接式的钢结构暴露出来，然后给高技派建筑看上去确实就像机器一样（图片为理查德·罗杰斯设计的 Inmos 微处理器工厂）。在这种风格中，诚实原则已经被极端化了。结构必须清晰可见，最好显露出来。每一根柱子、横梁和拉杆都必须具备真实的结构功能。然而，它仍属于建筑，而非工程构筑物。

这些构件涂上鲜艳的色彩。实际的功能性机器设备——如锅炉和冷却装置，以及所有附带的水箱、管线和管道——并非像往常那样被隐藏起来，而是大胆地进行展示，通常设置于建筑的外表。这类机器对于建筑的运转至关重要，诚实原则对此提出要求，即机器设备应该显露出来。

　　理查德·罗杰斯设计的 Inmos 微处理器工厂（位于威尔士的纽波特附近），便是这种风格的典型代表。建筑的钢桁架外露，中央一排悬挂式结构高耸于屋顶之上，帮助它们实现了超长的跨度。空调设备安置于上述结构桁架内，风管由屋顶的位置向其左右两侧伸出。整座建筑，尤其是从剖面图来看，确实让人依稀想起一些早期的实验飞行器。它看上去就好像是为尽可能高效地完成实际工作而设计的，不带任何与传统建筑相关的浮华与虚饰。尽管如此，它仍属于建筑，而非工程构筑物，其明显的目的性与任何新古典主义建筑的立面一样，都是蓄意为之。其实我们有许多造价更低、更为实用的建造方式，可以满足该建筑的功能需求。不过，这座建筑最重要的特点在于它完整的、几乎是清教徒式的诚实——如果我们能够接受这一前提的话。该

迈克尔·霍普金斯的职业生涯始于高技派阵营。但他后来的建筑，例如格林德伯恩歌剧院，采用了传统的建筑材料，如砖、木材和铅板。尽管如此，诚实原则一直都是他严格恪守的准则。

建筑所有裸露出来的结构都是真实的。它有真实的用途，而且看上去也的确如此。它由钢材建造，没有人会把它误认为是其他任何材料。那些空调设备也的确是在调节空气，将它们输送进那些真实的管道；而那些方形网格、轻质镶板、非承重的外墙，事实上也的确是这样建造起来的。

　　高技派建筑师从来都不谈论拉斯金。尽管如此，他们仍是拉斯金"诚实原则"这一教义严格的、毫不质疑的追随者。即使是在后来，他们厌倦了钢铁与玻璃，并开始重新采用一些更为传统的材料，但他们依然恪守自己的原则。迈克尔·霍普金斯（Michael Hopkins）[1] 是高技派建筑风格早期发展的一位重要人物。然而在其职业生涯的后期，他彻底抛弃了机器美学，开始对砖墙以及木结构屋顶——由铅板覆盖屋面——产生了兴趣。不过，他设计的砌体结构，例如霍普金斯在1994年设计的作品——格林德伯恩歌剧院（Glyndebourne opera house），建筑当中的砖砌墙体始终采用真实的、承重的砖砌结构，具有真实的柱墩和拱门，而绝不仅仅是一张让人看上去轻松愉快的传统建筑表皮，以隐藏钢结构或混凝土框架。

----

[1]　迈克尔·霍普金斯（Michael Hopkins，1935年—），英国建筑师。他与诺曼·福斯特、理查德·罗杰斯、尼古拉斯·格雷姆肖并称为英国"高技派四巨头"。

高技派是建筑诚实原则的一个极端例子。而大多数现代建筑所采用的是一种更务实的方式，即允许一定程度地隐藏和伪装，由此可能会简化节点或者让结构更经济。比方说：为木框架墙抹上一层水泥，让人误以为它们由坚固的砖石建造而成；钢框架被镶嵌上了墙板和天花板；管线与管道隐藏于服务性核心筒当中。由此，设计者就不必太担心它们的外观了。尽管如此，在建筑师群体中这种宽容是有一定限度的，存在一定禁忌。例如，英国的大众住宅项目。大多数开发商往往无视建筑理论，在木结构住宅的外围砌筑一圈砖墙——该做法极为常见——这是因为购房者会优先选择坚固、传统的砖墙风格。然而，建筑师反对这种做法——建筑师很少参与此类大众住宅设计。他们之所以反对，并非由于购买者实际受到欺骗，而是因为从拉斯金式的意义上讲这样做是不诚实的。他们可能会争辩说，木结构住宅就不应该假冒砖砌建筑，而应该采用某种轻质饰面材料，例如挡板或者挂瓦，这将清楚地表明其真实性质。

古典传统

正如我们所见，诚实原则起源于 19 世纪的哥特式复兴。然而，在古典建筑当中情况又如何呢？西方建筑史中的大部分内容都属于古希腊时期神庙所开创的伟大建筑传统。随着上千年的发展，历史学家给它起了不同的名称——古希腊、古罗马、文艺复兴、风格主义、巴洛克、希腊复兴等——然而，所有这些风格都只是古典主义的不同版本，没有一个对拉斯金式的诚实原则表现出过多的关注。当最初的古代原型本身就"不诚实"的时候，我们怎么能要求其后续版本做到诚实呢？古希腊神庙基本上是采用石材对一个更为古老的原始木屋进行再现。因此，从某种意义上讲这是一种伪造。正如 19 世纪另一位伟大的哥特式复兴主义者和反古典主义者奥古斯都·普金所说：

> "古希腊式建筑的结构基本上是木制的……当古希腊人开始采用石材建造房屋时，这种（石材）材料的特性并未能启发他们思考一些不同的建造方式以及改进的模式，这难道不奇怪吗？"[3]

这种不同寻常之处，也许只有通过 19 世纪理性主义的眼光才能够看清楚。事实上，17、18 世纪的理论家就已经开始质疑古典主义

在洛吉耶《论建筑》（左图）一书的卷首插图中，建筑的女性化身指向一座原始棚屋，仿佛在宣称建筑最重要的元素是它的柱子、横梁和山墙。而其他元素，如墙、窗和门都是次要的。雅克-日尔曼·苏夫洛则将这一理论在巴黎的先贤祠（右图）中付诸实践。

建筑非理性的本质了。例如，马克-安托万·洛吉耶（Marc-Antoine Laugier）在其 1753 年首次出版的《论建筑》（*Essai sur l' Architecture*）一书中指出，古典主义建筑在上百年的时间里不断对原始木屋进行模仿和改进，逐渐发展起来。[4] 在这本小册子的卷首插图上，描绘了建筑的女性化身，她正指向一座原始棚屋。该棚屋有一个以树叶覆盖的双面坡屋顶（山墙），由水平状树枝（檐口）支撑，架于笔直的树干上，而树干则深深扎根于大地（立柱）。洛吉耶认为，上述三者是建筑的主要元素。而所有其他元素，例如墙、窗和门，都是次要的。在洛吉耶看来，建筑物中承受荷载的部分要比建筑中分隔空间的部分更重要。在这一思维的指导下，建筑师开始拒绝古典建筑常见的装饰特征。例如，在实际上并没有屋顶的地方设置装饰柱或壁柱、山墙或三角形饰物，以及在建筑内部并无相应等级划分的地方表面化地运用重叠的柱列。我们可以从诸如巴黎圣·热内维耶芙教堂（the church of Sainte-Geneviève），即现在的先贤祠这样的建筑当中看到洛吉耶的理性主义的影响。这座建筑由雅克-日尔曼·苏夫洛（Jacques-Germain Soufflot）设计于 18 世纪 60 年代。建筑采用了独特的古希腊神庙门廊，极为朴素的外墙，独立式内柱。

装饰与图案创作

然而，曾经（以及现在）也有另一种看待建筑中诚实问题的方式。为了检验这种不同的观点，我们必须求助于 19 世纪的另一位理论家：戈特弗里德·森佩尔（Gottfried Semper）。森佩尔对 20 世纪建筑的影响微乎其微。但近年来，随着现代主义教旨式微，人们对他的理论又恢复了兴趣。森佩尔是一位德国建筑师，他设计了德累斯顿歌剧院和苏黎世联邦理工学院（ETH）等几座重要建筑。他并非哥特式复兴主义者，然而他坚信古典传统中持续的正确性和关联性。他的主要理论著作近些年才被翻译成英文，书名为《技术和建构艺术或实用美学中的风格》（*Der Stil in den technischen und tektonischen Künsten oder Praktische Ästhetik*）。这本书冗长而且并未完成，书中内容艰深，文字往往模棱两可。它试图捕捉风格的本质，不局限于建筑领域，而是存在于所有"技术和建构艺术"当中。他发表于 1851 年的一篇题为《建筑四要素》的论文（*The Four Elements of Architecture*），内容则简明易懂。文章中，他对建筑艺术的起源提出了一套原创性的论述，令人惊叹。与洛吉耶一样，森佩尔也将建筑的起源想象成一座原始棚屋，然而他设想的原始棚屋在许多重要方面与洛吉耶的观点有所不同。文章标题中所提到的四个要素分别是：壁炉、土墩或地基、屋顶以及围墙。乍一看，它似乎与洛吉耶的建筑体系相类似。不过，洛吉耶将屋顶和支撑屋顶的永久性结构作为建筑意义的主要承载者，而森佩尔则允许他四个要素中的每一个要素根据实际情况确立自己的重要程度。

> 在气候、自然环境、社会关系和种族构成等不同因素的影响下，根据不同的人类社会是如何发展的，建筑四要素的排列组合也将进行相应调整，有的要素变得更成熟，有的则退居幕后。[5]

因此，洛吉耶所设想的那种固化的、分等级的建筑性质便被颠覆了。然而，森佩尔走得更远。他并非欣然将这些要素作为建筑功能的组成部分，而是视之为不同造物方式的代表。壁炉代表陶瓷工艺（也可能是金属工艺），地基代表砖石砌筑，屋顶代表木工，墙壁代表编织。为什么是编织呢？因为按照森佩尔的说法，最早用于分隔空间的要素是由树枝编织而成的独立式栅栏。这些栅栏后来发展为地毯和挂

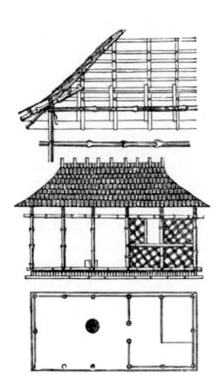

1851 年，伦敦世界博览会上展示的特立尼达人的棚屋。它成为戈特弗里德·森佩尔"建筑四要素"理论所需之例证。这四要素分别是：砖石地基、陶瓷壁炉、木材框架以及编织围墙。

毯，它们悬挂于木结构房屋的框架上，以分隔房间。这种对编织的强调是森佩尔理论最具原创性的方面，它对建筑的思考与描述方式产生了深远影响。对于洛吉耶来说，非承重墙是次要元素。然而对于森佩尔，它成为首要元素。森佩尔引用了一个古老的亚述人的例子（当时刚被发现不久），他认为尼尼微城墙上雕刻的雪花石膏浅浮雕（在大英博物馆中可以看到精美的原件）实际上就是装饰性挂毯的石化版本。挂毯可能一直都挂在石墙上面，而最初分隔空间的正是挂毯，而非墙壁。最终，挂毯与墙壁结合在一起成为浅浮雕，由此装饰性与功能性融为一体。然而，装饰性在此获得优先地位。因为森佩尔将编织这一行为看作是人类与生俱来的秩序感之体现，或者是图案创作的内在冲动之体现。在完成《建筑四要素》一书之后，森佩尔在 1851 年伦敦世界博览会上看到了一间特立尼达人（Trinidadian）的棚屋，这个偶然的发现证实了他的人类学推测。从此，这座采用竹构架和编织墙建造的棚屋，一直都是森佩尔建筑理论的标准配图。

在他后来的著作《风格》中，森佩尔以完整的哲学深度发展了这些理论。其中，图案创作被视为建筑艺术之精华。它也作为一种"宇宙起源"或创造世界的行为，具有特别重要的意义。与绘画或雕塑等视觉艺术相比，建筑更类似于其他一些富有节奏性的、能跟宇宙相沟通的艺术，例如音乐和舞蹈。饰面作为一种用于改变事物外观的做法，也被认为是建筑的主要特征。建筑即装扮。建筑是服装，是身体的装饰物，而非身体本身。建筑的这种创世功能取决于其面饰，正如具象绘画所引发的那种虚幻效果，这其实是在我们忽略颜料和画布这样的实际材料之后才出现的。材料的真实性和结构的诚实表达这一类概念，对于森佩尔来说，他从来都没有这么想过。如果一种形式源自于某一种材料（例如木雕），或者要通过另外一种材料（可能是铸铁）将它仿制出来，那就不得不对它进行必要的装扮，建筑从古至今皆如此。所以说，这绝不是什么道德上的败笔。相反，它正是建筑这门手艺的精髓。

森佩尔建筑理论的一个重要方面，在于它对建造行为进行了"错位"。建筑的某些部分，如陶瓷壁炉或编织围墙，属于手工艺品或工业产品，它们独立于建筑并且早于建筑而存在。这些要素可以在远离建筑现场的地方制造。当它们搬到一起进行组装时，并非依据某个固定的系统或"正确"的等级关系来组合，而是根据情况变化进行配置。例如在古希腊建筑中，主导元素是"建构的"或木制的框架，它发展出了多立克柱式、爱奥尼柱式和科林斯柱式。然而在古罗马建筑中，"敦实的"砖石砌体占据了主导地位，它从大地上升起，形成拱门、拱顶和穹顶。建筑现场制作与森佩尔所谓的工业艺术预制相比，并不重要，也没有必要。人类创造世界的主要行为并不是建造一间原始小屋，而是编织一件毡毯，或者从根本上来说，就是系出一个装饰性的绳结。像材料的真实性以及结构的诚实表达这一类观念变得无关紧要，因为在森佩尔的体系中，结构优先于装饰这种公认的优先级被颠倒过来。

因此对森佩尔来说，建筑就是创造一个人为的世界。人为性是它的本质。它并不渴望成为"现实的"、"自然的"或者"真实的"东西。与其他所有艺术形式一样，建筑也是一种虚构，一种通过模仿世界从而理解世界的尝试。当我们在剧院看戏时，我们会心甘情愿地停止怀疑。因为我们知道这是艺术，而非现实。但它很可能教给我们一些有关现实的，以及我们与现实之间关系的一些事情。建筑同样如此。它并非源自第一座实用性的棚屋，而是源于图案创作本身，这是人类适应世界所做的最早的尝试。我们利用声音创造韵律，于是称之为音乐；我们利用身体在空间中舞出花样，于是称之为舞蹈；我们利用形状、线条和色彩制作图案，于是称之为装饰。这并非是对更为基本的结构进行锦上添花。它从一开始便存在。它是建筑诞生的原始动机。

在正统的现代主义思想中，装饰属于 19 世纪无用的包袱之一，它没有存在的必要性。现代主义者认为，建筑应该由真实的事物组成——真实的结构、真实的材料、针对真实问题的实际解决方案。然而，装饰分散了这种对真实的注意力，掩盖了它，否认了它，并且虚构了它。但从另外一种观点，即森佩尔的视角来看，在观念上装饰要比解决现实问题这件事更早出现。例如，人类感知世界的某些节奏或模式——白天与黑夜、阳光与雨水、光线与阴影，并设想它们或许可以通过艺术来模仿。如果没有这种原始冲动，即"模仿自然或者完成自然所无法完成之事"——引自亚里士多德的话——那么建造的概念，也就是说一间原始棚屋，永远都不会出现。

装饰与模仿是融合在一起的。大多数装饰都属于模仿，而且它所模仿的对象通常都是自然的、有机的形式，无论来自植物还是动物。20 世纪初兴起的新艺术风格有各种不同的名称——英国称自由主义（Liberty）、德国为青年风格（Jugendstil）、加泰罗尼亚叫作现代主义（Modernisme）。新艺术风格试图一扫 19 世纪风格混乱的阴霾，以一种"现代"风格取而代之。这种"现代"风格将装饰与其原始灵感——自然——重新联系起来。例如，赫克托·吉马尔（Hector Gui-mard）设计的巴黎地铁入口的铸铁栏杆和雨棚。它们弯曲和扭转的样子似乎在生长，有时候看上去像骨头，有时候则像植物的茎和卷须。玻璃雨棚仿佛就是热带丛林中的树叶，若隐若现。标准化的灯具低垂下来，频频点头，犹如异国情调的花朵。当然，动植物造型一直都是建筑装饰的一部分，已经有上千年的历史。爱奥尼柱式柱头的涡卷在多大程度上受螺旋形公羊角的启发，这一点尚不能明确，但是环绕于科林斯柱式柱头的莨苕叶形装饰就是直接的具象体现。大多数建筑装饰要么属于自然主义，要么是从自然形式当中抽象出来的。（伊斯兰建筑中的书法艺术装饰则是一个重要例外，它之所以兴起是因为《古兰经》的教义一般不鼓励具象艺术）。那么，新艺术风格的建筑师所新艺术运动以赫克托·吉马尔设计的巴黎地铁入口为代表。该运动尝试将装饰与其原始灵感——自然——重新联系起来。其铸铁结构仿佛是由植物的茎或者动物的骨头搭建而成。

用一座建筑来再现另一座建筑，这就是19世纪复兴主义的基础。基辅的圣弗拉基米尔大教堂所再现的是一座古老的拜占庭教堂——并非一座真实的教堂，而是一座名义上存在的教堂，或许有1000年的历史。我们对这种想法如此熟悉，以至于有时候我们对它的奇怪之处视而不见。

佛罗伦萨鲁切拉宫的建筑立面上描绘了一座虚构的房屋。这座虚构的房屋由柱子和横梁支撑,它并非像真实建筑那样采用实墙承重。但这是凭空想象的吗?或许它是一座理想化的罗马斗兽场?

正是罗马斗兽场为柱和梁的矩形组合确立了规则。这一点实在不同寻常,因为罗马斗兽场并非一座框架式的建筑。它真正的结构是由砖石和混凝土建造,形成巨大的拱门和拱顶。其表面的框架式结构仅仅起到装饰作用——这是所有古典建筑语言的基础。

位于布卢姆斯伯里的圣乔治教堂塔楼，由一组微型建筑堆叠而成。其中包括一座凯旋门、一座帕拉第奥式别墅和摩索拉斯陵墓，顶部矗立着一尊乔治一世国王的塑像。从现代意义上讲，这并非是一个"设计"产物。

反对的究竟是什么呢？他们似乎理所当然地认为，装饰具有模仿的特性，他们所做的就是避免模仿其他的建筑风格。

再现性的装饰

　　在第 1 章当中，我们以多种方式探讨过可以将建筑视为"再现性"的其中之一便是对另一栋建筑的再现。这种表现形式是 19 世纪诸多风格主义复兴的理论基础。举个例子，基辅的圣弗拉基米尔大教堂（St Vladimir's Cathedral），从某种意义上讲，便是对一座古代拜占庭教堂的再现。如果放在装饰的语境下思考这一点，我们就会认识到，建筑的装饰通常都是由表现性的建筑元素构成，这些要素包括：柱、梁和拱。例如，我们看一看阿尔贝蒂设计的佛罗伦萨鲁切拉宫（Palazzo Rucellai）的正立面。除建筑顶部的檐口之外，其立面上的各种特征仅从主体墙面上略微突出。它如此平坦，以至于从正面看过去它就像是一张画，或者说是两张画，一张叠加于另一张之上。首先画布是建筑的基本构架：一个三层楼高的体块，窗户之间距离相等。覆盖于其上的是第一张画，它表现了一个拱形的、粗石墙面的房屋，在石块与每扇窗户上的拱之间都露出深深的凹槽。接着，在它上面覆盖了第二张画，表现的是一座完全不同的房屋。它仍然是一座三层高的楼房，但这次属于梁柱式结构。也许整个建筑就是一个复制品，或者至少是一个翻版，即对一座特定的古罗马建筑——罗马斗兽场——进行模仿。后者以类似的方式，将拱的形式与梁柱式的形式结合在一起。

　　古典主义建筑——戈特弗里德·森佩尔在他自己的实践当中所坚持的传统——几乎可以定义为，将源自其他建筑的各种元素进行重组。有时候这种借鉴是直接沿用某些特定建筑的特征，有时候则取自许多建筑所共有的传统建筑元素语汇。例如，我们来看一看尼古拉斯·霍克斯穆尔（Nicholas Hawksmoor）设计的圣乔治教堂（St George's Church）的塔楼，建筑位于伦敦的布卢姆斯伯里（Bloomsbury）。这座建筑将引用而来的建筑元素进行竖向叠加。塔楼建筑平面为方形，与一座大型科林斯式门廊形成高低对比。因此，该教堂看上去就像两座独立的建筑。在塔楼下部方墩大约三分之二高度的位置突出了一个水平条带或者束带，似乎在表明这是一个新的地平面和一个新的开始。在水平条带的上方，塔楼以一座双向的凯旋门作为终结，凯旋门顶部檐口向外突出，似乎在表明已经到达塔楼的顶部。然而，建筑至此并未结束。矗立于凯旋门顶部的是一座完整的微型神庙，其四面各有一个爱奥尼式的门廊，就像帕拉第奥设计的圆厅别墅（Villa Rotonda）。在这个小神庙的顶部是另外一个完整的建筑，一座阶梯式金字塔形状的尖顶，是对哈利卡纳苏斯（Hallicarnassus）的古代摩索拉斯陵墓（原始陵墓）的再现，普林尼（Pliny）曾经对它做过描述。最后，高塔顶部的物件既不是十字架也不是风向标，而是乔治

微型建筑或小神龛是
传统建筑装饰的基本
组成部分。罗马法尔
内塞宫的窗户均采用
微型建筑的形式。其
建筑立面看上去就像
一条排满小型古典神
庙的三层楼高的街
道。（上图左）

微型建筑也出现在哥
特式建筑当中。沙特
尔大教堂的南入口门
廊（上图右），如果
不能将它解释为微型
建筑之集群，那它又
是什么呢？这些微型
建筑，就其本身而
言，每一个都是一座
完整的建筑。它们有
的坐落在地面上，有
的则矗立于旁边房屋
的上部。

印度教寺庙也包含着
微型建筑。其中最小
的建筑组成部分，只
是一些用来放置雕塑
的壁龛。然而，这种
集聚性的效果蓬勃而
且丰富，象征了宇宙
的创造力。

一世国王的雕像，它凸显了整个组合的权威性，并将这种权威性变得合乎常理。在这里，我们用"组合"（composition）一词来描述，肯定再恰当不过了。从现代意义上讲，这并非是一个"设计"产物。它不是对功能需求进行任何系统分析之后得出的结果。效率和实用性，在其创作中并不是优先考虑的事项。这座建筑与拉斯金主义和现代主义的有关真理与现实的观念相去甚远。霍克斯穆尔把这座高塔的外形装扮得古色古香，几乎可以看作一个装饰物。这是一种建立于模仿之上的虚构。通过借用历史和神话中的建筑元素，它创造出了一个新的世界。然而正如森佩尔所说，建筑一直以来便如此。这正是建筑一词的含义。

当我们考虑霍克斯穆尔这一类的建筑装饰时，"微型建筑"（aedicule）或"小神龛"（little shrine）是一个有用的概念。圣乔治教堂塔楼中部的神庙是一个非常完整的微型建筑，它是整座神庙等比例缩小的模型。在更为常见的情况下，微型建筑则是以局部的方式或者以碎片化的状态呈现。例如，罗马法尔内塞宫（Palazzo Farnese）的二楼窗户便是一个个微型建筑，每一扇窗户都代表了一座小神龛，它由一对柱子及其支撑的横梁和山墙构成。这是古典建筑极为常见的基调，但在传统的哥特式建筑中，微型建筑的出现更加普遍。约翰·萨默森曾写过一篇著名的文章《天堂大厦》（Heavenly Mansions）。文中他认为哥特式大教堂应该可以被诠释为微型建筑的集群，建筑内部的建筑集群。[6] 例如，沙特尔大教堂的南入口门廊被分成三个微型建筑。每个微型建筑都有自己的人字形屋顶，而这些微型建筑内部又包含更小的神龛，采用带顶棚的壁龛形式，以摆放雕像。在山墙之间高处的位置，雕像被安置于两座单层的、三跨拱式结构的构筑物中，每一个构筑物都是一座完整的建筑。我们在其他建筑传统中也发现了微型建筑，尤其是在印度教寺庙中。在这些寺庙中，小神龛被密密麻麻地堆积起来，形成无数神话雕塑般的人造山峦。

结构与装饰

森佩尔的建筑理念在今天还有什么意义吗？模仿、装饰、打扮和创造世界，这些东西是否已经从建筑当中彻底消失了呢？还是说，它们仍然存在，只不过变成了一种潜在的或者隐蔽的形式而已。例如我们在前面讨论过，甚至连 Inmos 微处理器工厂（参见第 107 页）这样

现代建筑也具有装饰性，但它采用了一种更为克制的方式。密斯·凡·德·罗设计的纽约西格拉姆大厦（1954—1958 年，左图），其建筑外立面幕墙在铜质竖梃的装扮下神采奕奕。在结构方面它们完全是多余的，但在另一方面它们强化了建筑端庄、典雅的比例，正如一套精巧西装上的接缝与折痕所起的效果一样。

密斯·凡·德·罗的另一件作品，是他为伊迪丝·范斯沃斯（Edith Farnsworth）设计的小住宅（1945—1951 年，右图），该住宅位于伊利诺伊州。这座建筑具有任何装饰性吗？或许没有，但毫无疑问，它在精神上是古典主义的。密斯接受了德国著名的新古典主义者卡尔·弗里德里希·辛克尔的传统教育。

的一座建筑也绝不仅仅局限于一个实用性的工程构筑物。高技派建筑可能看起来有点像桥梁、炼油厂或者飞机，但本质上两者完全不同。将机械服务设备暴露于建筑外部，这样做实际上并不实用。之所以要这样处理，并不是让建筑运转得更有效，而是为了创造出一种高效的形象——一种建筑处于"现代技术"这一文化领域内的形象，以便它能从上述联系当中受益。这种形象难道不是一种虚构吗？不是一种人造的世界吗？而那些外露的钢结构呢？其受压构件与受拉构件明显区分开来，表达得如此精美。这里面难道就没有丝毫的装饰吗？从某种意义上说，它的确是完完全全诚实的表现。它承担了真实的结构功能。但它肯定不是所有可行的结构方案中，最高效或最实用的一种。建筑师之所以选择这种方式，并非出于工程原因，而是源自对建筑的思考——因为这种造型令人眼前一亮。当然它也属于运用结构元素作为装饰表现这一悠久的传统。

我们可以用同样的方式来审视很多现代建筑。装饰和模仿并没有消失，它们只是受到抑制，披上了伪装。建筑师经常谈论"良好的细节设计"。出于现实情况的考虑，良好的施工细节非常重要——以确保防水性、耐用性以及结构的完整性。但这些并非建筑师所要表达的含义。他们要表达的含义在于细节上特定的简洁或优雅，这里面通常会涉及一些掩饰或欺骗手法。现代主义建筑中有关这一方面的一个著名案例，就是纽约西格拉姆大厦（Seagram Building）外立面竖梃的细节设计。该大厦出自建筑师密斯·凡·德·罗之手。这是一座钢结构的高层建筑，其外立面覆以玻璃和铜质的幕墙。拉斯金式的诚实原则似乎要求大厦的钢结构框架显露于外。然而这是不可能的，因为摩天大楼的钢结构框架必须要做防火处理。密斯想尽可能地保留金属框架建筑的质感和观感，因此他在建筑外立面有规律地安装了铜质的竖梃。这些竖梃并没有实际功能。它们纯粹是装饰性的。

德国现代文学博物馆位于内卡河畔马尔巴赫。建筑由大卫·奇普菲尔德设计，竣工于 2006 年。建筑外观精简，而且相当肃穆。然而，当人们看到它的柱廊时，一定会联想到古希腊或古罗马的神庙。因此从广义上讲，它们也是装饰性质的。

位于德国埃伯斯瓦尔德的技术学校图书馆出自赫尔佐格和德梅隆之手。对于复兴现代建筑装饰而言，它在某种程度上是一种直白的尝试。蚀刻于混凝土板上的旧照片以线性和重复的方式出现，就像多立克柱式建筑的三槽板及排档间饰一样。但它们与整个建筑的关系却是任意的。

请注意，作为建筑的装饰，西格拉姆大厦的幕墙竖梃完全是传统化的延续。就像鲁切拉宫的壁柱一样，它们是对结构构件的模仿，而在上述案例中则是对钢柱的模仿。密斯接受了 19 世纪新古典主义传统的教育，而卡尔·弗里德里希·辛克尔（Karl Friedrich Schinkel）则是该传统的英雄。密斯成熟时期的建筑作品，例如范斯沃斯住宅（Farnsworth House）或者伊利诺伊理工学院校园内的克朗楼（Crown Hall），显然并未采用装饰这个词通常意义上的表现方式，然而它们在精神上仍然是古典主义的，而且在某种程度上可以说是采用了传统的模仿方式。古典主义传统在 21 世纪仍然非常活跃。例如，大由卡鲁索·圣约翰建筑事务所设计的诺丁汉当代艺术画廊（2009 年），其混凝土外墙有如幕布一般。混凝土外墙上装饰了从当地蕾丝花边工艺中借鉴而来的花卉图案（下图）。因此，在这一装饰手法中存在着双重再现：一是对蕾丝花边的再现，另一是对花朵的再现。

卫·奇普菲尔德（David Chipperfield）设计的现代文学博物馆（Museum of Modern Literature），它位于德国的内卡河畔马尔巴赫（Marbach am Neckar）。该建筑无疑是一座拥有完整柱廊的古典神庙。尽管列柱上并未出现涡卷或莨苕叶形装饰，但这的确是一座装饰性的建筑。

在这些古典化的现代建筑中，装饰是潜在的，或者说受到了抑制。但近年来，人们对于直白的具象装饰的兴趣也有所复苏，这些装饰通常来源于建筑的功能。以德国埃伯斯瓦尔德（Eberswalde）的技术学校图书馆为例。该建筑由赫尔佐格和德梅隆设计，其外立面完全被蚀刻于玻璃和混凝土板上的旧照片所覆盖。就像多立克柱式建筑的三槽板及排档间饰（metopes）一样，这些照片以水平带状的方式重复排列，每块面板上都印制了一幅图片。因此，装饰与建筑在某种程度上融为一体。但在这里，几乎没有采用任何立体化的造型。建筑给人的总体印象是一块巨型的混凝土石头，仅仅因其外表面密密麻麻的图像信息而略显生动。卡鲁索·圣约翰建筑事务所（Caruso St John）设计的诺丁汉当代艺术画廊情况则更为复杂。由于建设场地高差明显，建筑不得不适应这一棘手的错层式地块。然而，预制凹槽的混凝土板与镀金的铝板外墙形成的整体效果，有如一圈垂落下来的幕布环绕于场地边界，而非一种相互咬合的立体造型。在此，用幕布来做类比较为合适。因为，画廊所在地曾经是镇上制作蕾丝花边的地方。其混凝土面板上蚀刻的图案，来自维多利亚时期蕾丝花边的一个真实样品。因此，这里构成了一种双重模仿——混凝土图案模仿了蕾丝花边，而蕾丝花边则又摹绘了一种花卉图案。与赫尔佐格和德梅隆所设计的建筑一样，其装饰与建筑在某种程度上融合成为一体。然而其效果，却在于削弱建筑构造上的、建造方面的东西，而非强化它。也许，这应该称为装潢（decoration），而不是装饰（ornament）。

这些近期的装饰复兴现象似乎已经忘记了，装饰主题可以从建筑自身的建构形式当中找到可能性。但由于现代主义对发明创造与新颖性的坚持，现如今已经禁止了模仿（这种表达方式）——模仿是装饰的基础。或许，问题远不止于此。在一本名为《建构文化研究》（*Studies in Tectonic Culture*）的重要著作中，肯尼斯·弗兰姆普顿认为，在当今这个奇观（spectacle）和拟像（simulation）的世界，建构文化

OMA 设计的（北京）中央电视台总部大楼（2012 年投入使用），其立面装饰与建筑的形式或结构几乎没有关系。建构或许能够提供装饰的意向，然而该理念在这里已经被抛弃或者被遗忘。

已经变得无关紧要。建筑师在他们的教育和实践中，越来越脱离现实的建造活动。而计算机的出现，彻底改变了建筑实践，进一步加深了这一鸿沟。完全基于计算机创作的大型实践项目，其典型作品具有一种奇怪的随意性，仿佛一个计算机模型与一座真实的建筑之间没有区别似的——计算机模型能够漂浮于数字虚空当中，而真实的建筑却需要一个真实的结构来支撑它。有时候，它带来的效果可能令人振奋，就像弗兰克·盖里设计的毕尔巴鄂古根海姆博物馆（Guggenheim Museum in Bilbao），建筑造型有如火焰一般。但大多数情况下，它们看上去别扭而且任性，就像 OMA（大都会建筑事务所）设计的（北京）中央电视台总部大楼（Central China TV building），建筑呈四四方方的环状形式，毫无尺度感，从外观上丝毫看不出其结构特征。

　　对于正统的、现代主义的思维方式来说，森佩尔和拉斯金的理论互不相容。在装饰与诚实的建构原则这两者之间似乎存在着一种对立——装饰本质上是模仿，而诚实的建构似乎反对模仿。然而，拉斯金却并未意识到这一点。在他的《建筑学讲座》（*Lectures on Architecture*）一书中，他直截了当地宣称"装饰是建筑艺术的首要组成部分"。他说："建筑伟大的原则首先是方便，其次才是最尊贵的装饰。"[7] 对他来说，建筑与单纯的房屋之间存在重要区别，正是装饰将这一区别凸显出来。或许现在依然如此。建构往往为装饰提供主题。这两个原则相辅相成，而非对立。在当下这种视觉形象优先于物质存在的数字文化中，两者都饱受威胁。

原文引注

1　John Ruskin, *The Seven Lamps of Architecture*, Dover Publications reprint, 1989, p35.

2　参见 Colin Davies, *High Tech Architecture*, Thames& Hudson, 1988.

3　A.W.N. Pugin, *True Principles of Pointed or Christian Architecture*, Academy Editions reprint, 1973, p2.

4　参见 Marc-Antoine Laugier, *An Essay on Architecture*, W. and A.Herrmann, trans., Hennessey &Ingalls, 1977.

5　Gottfried Semper, *The Four Elements of Architecture and Other Writings*, H. F.Mallgrave and W.Herrmann, trans., Cambridge University Press, 1989, p103.

6　John Summerson, *Heavenly Mansions and Other Essays*, Cresset Press, 1949.

7　John Ruskin, *Lectures on Architecture and Painting Delivered at Edinburgh in November 1853*, London, Smith Elder, 1855. Addenda to Lectures I and ll, paragraph 66.

第 6 章 自然
Nature

位于比利时布鲁塞尔的塔塞尔公馆由维克多·霍塔设计。其新艺术风格装饰借鉴了大自然的形式，但这足以使它成为"有机"建筑吗？在建筑中，"有机"一词通常意味着更深层次的东西。它更关注结构和建造方法这一类问题，而并非表面上的相似性。

"有机建筑"的含义是什么呢？在茶余饭后的闲谈当中以及在咖啡馆的书架上，它通常的意思只是在建筑表面或局部采用与动植物相似的形态。我们往往期望建筑造型是规则的和线性的，当它不符合这一点时，例如当它包含了除简单拱门之外的弯曲形式时，我们便会将它称为"有机的"。位于布鲁塞尔的塔塞尔公馆（Hotel Tassel），由维克多·霍塔（Victor Horta）设计，是19世纪末新艺术运动（Art Nouveau）风格的典范。在这个意义上，建筑的入口大厅和楼梯可以说是有机的。其弯曲和扭转的金属立柱与铁艺栏杆，就像攀缘植物的茎和卷须一样。而这些"蜿蜒的线条"形式，并非出于实用性的或功能性的理由。它们主要是装饰性的，与该建筑围合空间的抹灰墙面上所描绘的相应装饰图案是一样的。

此外，还有其他方式可以论证建筑是否有机吗？建造过程中所使用的材料是否与此相关呢？从表面上看，一座由植物或动物材料（如木材、芦苇或编织的羊毛）搭建而成的房屋一定会比由石头、混凝土或钢材等矿物材料建造的房子更有机。然而从概念上讲，情况并非真正如此。比如，美国郊区的普通住宅主要是用木材建造，但它会被装扮成一种常见的"怀旧"风格，因此肯定不能称为"有机"。如果森林中有一座小住宅，它由未经过加工的树枝搭建而成，屋顶上覆盖着苔藓和茅草，那它可以被称为"有机建筑"。"有机"这个词，与其说钢筋混凝土是一种无机材料。由于它是浇铸而成的，因此适合建造弯曲与流动的形式，让我们想起自然界的有机体。悉尼歌剧院（1956—1973年设计建造）曾被比作一盘牡蛎壳。

弗兰克·劳埃德·赖特宣称自己是一名有机主义建筑师。然而他的建筑作品，例如罗比住宅（1908年设计），采用的却是严格的直线构图。

布鲁斯·戈夫（Bruce Goff）设计的巴文杰住宅（Bavinger House，1950—1955年设计建造），位于俄克拉荷马州。在该建筑中，有机性的特点似乎更为突出。它就像森林里生长出来的，它也欢迎野生植物进入其内部。但是该住宅使用的多种材料，例如玻璃和钢铁，都是人工合成的材料。

是建筑所使用的材料, 还不如说是因为它具备亲近自然的普遍精神。另一方面, 许多钢筋混凝土建筑案例也可以称为"有机的"。其实, 它们只是利用了混凝土的流体特性, 以便制造出弯曲的、动物般的自由形态——无论是肌肉状的还是膜质的。约翰·伍重(Jorn Utzon)设计的悉尼歌剧院(Sydney Opera House)就是一个很好的例子。其船帆或贝壳形态的混凝土壳体——请注意, 这里采用了有机的比喻——一层套着一层。因此, 我们又回归了这一方法, 即以简单的物理相似性作为建筑是否有机的主要判断标准。

当然, 有机建筑的概念要比这复杂得多。其中最著名的有机主义建筑师也许就是弗兰克·劳埃德·赖特。不过, 除了几个著名的案例之外——例如, 纽约古根海姆博物馆的螺旋式坡道(类似于蜗牛壳)以及流水别墅(Fallingwater)的悬臂式露台(类似一种蕨类植物)——赖特设计的建筑通常与有机生命体并无相似之处。这些建筑在更深层次的意义上是有机的, 而赖特本人对20世纪建筑理论所做的主要贡献便在于此。对赖特来说, 如果一座建筑能够从其所在的环境当中自然而然地生长出来, 那么它就是有机的。其所在的环境包括: 景观、气候、场地、建筑承载的功能、它所服务的社会以及建筑师自由的、创造性的想象力。空间和形式相统一很重要, 从某种意义上说, 并不是指建筑就要简单或相互之间完全一致, 而是指不同部分按照统一的概念相关联, 就像动物的肢体和器官。1910年赖特在德国出版了一本作品集《瓦斯穆特卷》(*The Wasmuth Portfolio*)①。在该书的引言部分, 赖特写道:

> "然而在所有时代, 形式背后都存在一些决定形式发展的特定条件。而在所有这些条件中都蕴含了一些人类的精神, 与形式的存在相一致。就在该形式获得真实表达的地方, 它们将被认作是有机形式——也就是说, 是它们所要表达的生活与工作境况的产物。"[1]

赖特在论述有关文艺复兴和哥特式的建筑时, 明确表达出他更喜欢哥特式建筑。然而, 下面这一点更令人惊讶。《瓦斯穆特卷》中的

---

① 德国著名艺术与古籍出版公司瓦斯穆特(Wasmuth)于1910年整理出版了赖特的建筑作品集《瓦斯穆特卷》。该书随后被翻译为多种语言, 在欧洲广为流传, 影响了早期风格派的形成。

这座花园凉亭采用了木柱与简单的陶土瓦屋顶。它让我们情不自禁地想到了"有机"一词。然而，这座亭子也十分古典。它的形式法则源于历史，而非大自然。同时，强调了它人工化的属性，以便与周边环境不断生长的状态形成鲜明对比。

帕拉第奥设计的圆厅别墅（1570 年建造）就是这样一个例子。它符合弗兰克·劳埃德·赖特所说的，文艺复兴建筑是一种"可耻的伪装"。或许有人会争辩说，建筑的四个门廊似乎向周边景观延伸，引导大自然融入其中。然而在建筑内部，空间却是由严格的几何所控制。源于历史的形式以一种刻意的人工方式强加于物质之上。

建筑插图，即所谓的草原式风格住宅（Prairie Style houses）——例如，芝加哥的"罗比住宅"（Robie House）——似乎与哥特式建筑风格完全相反：它并非那种高耸、垂直性的建筑，而是低矮、延展、紧贴地面的建筑组合体，其大屋顶出挑深远。赖特的建筑风格其实受法国伟大的建筑理论家维奥莱-勒-迪克（Viollet-le-Duc）的影响，后者在哥特式建筑中发现了石材结构具备完美的有机表达潜力。赖特所欣赏的并非哥特式建筑形式本身，而是它们似乎与材料的属性以及时代的"人类精神"保持了"一致"。相对而言，文艺复兴建筑是一种"可耻的伪装，没有重要意义或者没有真正的精神价值"。

形式、材料、空间

哥特式传统——无论是原初的中世纪形式，还是 19 世纪的复兴形式——都很好地展示了建筑中有机类比的某些特定性质。当你站在布尔日大教堂（Bourges Cathedral）② 这样高大的哥特式建筑内部时，就像站在森林里一样。教堂中殿的廊柱像极了一根根树干，拱门与拱顶檩条就像树枝一样从树干中生长出来。对于中世纪的工匠来说，这种相似性显而易见吗？他们是蓄意做出这种效果的吗？这座建筑是对森林的再现吗？可能都不是，或者至少不是简单意义上的那种再现，即剧院布景有可能代表一片森林。如果工匠和他们的雇主真的认为他们的大教堂代表了什么的话，那就是圣经中所描述的天国，而那仅仅是以一种相当抽象的方式来表达。因此，如果大教堂是"有机的"，它也不是简单地相似这类问题。它之所以是有机的，是因为它的形式是由人类的观念与石头这种建筑材料的可能性与局限性相结合之后自然形成的。人类的观念很难定义，但它明显涉及人们对于高度和竖向比例的偏好，以及对某种空间效果的追求，即光线通过复杂而清晰、但同时又极为统一的室内空间扩散开来。这些品质象征了一种宗教思想，象征了对天国的触碰，象征了对圣光的礼赞。

我们通常认为石头是一种笨重的材料。然而在哥特式大教堂中，它变得纤细而轻盈，仿佛通过某种与石化作用相逆的过程，神奇地转化为一种线性的纤维材料，比如木材。为了让石材获得这种品质，就有必要设计各种巧妙的结构细节，如尖拱、肋拱以及飞扶壁。在一座现代钢筋混凝土结构的建筑中，纤细的杆件是很容易实现的，因为预埋在混凝土中的钢筋能够抵抗其拉力。然而中世纪的大教堂只是一堆石头，一块叠于另一块之上，石头之间仅通过一层薄薄的灰浆黏结。每个重物都必须由另一个配重来保持平衡，而每个拱都是通过一个扶壁或另一个拱来固定。因此，哥特式建筑的形态特征一部分取决于象征性，另一部分是因为它们对于结构的稳定性至关重要。形式和材料在功能上相互关联，就像它们在自然的有机体当中的关系一样。而对于这种关系，其不断完善的动力来自一种宗教思想，或者用弗兰克·劳埃德·赖特的话来说，来自"一种人类的精神"。

那么，文艺复兴建筑"可耻的伪装"这一说法又该如何理解呢？

---

② 法国布尔日大教堂始建于 1195 年，历时六十多年完工。它是法国中世纪基督教的权力中心，与沙特尔大教堂一样是第一批哥特式建筑。

哥特式与"有机"似乎和谐共存。这不仅仅是因为站在布尔日大教堂的中厅内，感觉就像在森林里一样。哥特式建筑的整个结构与材料逻辑似乎是有机的，就像大自然的发展过程。布尔日大教堂的工匠们对于科学意义上的这些发展过程知之甚少。然而，也许是因为他们日复一日与大自然的力量相接触，赋予了他们一种有机的本能。

在这一语境下，它主要用来代表的是与"有机"相对立的一面。简而言之：在哥特式建筑中，形式源于材料；然而在文艺复兴建筑中，形式凌驾于材料。文艺复兴建筑，其形式并非源于自然，也非源于任何类似于自然过程的方式，而是来自历史，来自古典主义传统，甚至可以一直追溯至古希腊时期和古罗马时期。当建筑师采用古典"柱式"装饰房屋时，立柱和横梁是由什么材料制作的这一点并不重要。它们通常由石材雕琢而成，但用木材或砖砌抹灰的方式作为替代方法也完全可以接受。它仍属于一座古典主义风格的建筑。形式和材料之间存在若即若离的关系，这是可以容忍的。

　　不过形式与材料之间的关系，也只是上述议题中的一个方面。赖特建筑中的有机类比，其实也具有一种空间的维度。就像在帕拉第奥的圆厅别墅这一类文艺复兴建筑中，空间由一种严格而静态的几何关系控制，这种几何关系左右对称、比例和谐。这座建筑是由不同房间集合起来的，每个房间都是一个连贯的、独立的空间，就像一个属于它自己的小世界。这些房间共同形成一种几何式的以及等级化的模式，这一切在建筑平面图中清晰可见。然而，建筑内部的实际体验却是片段化的，它由一连串独立的空间构成，而不是一个统一的整体。相比之下，弗兰克·劳埃德·赖特设计的罗比住宅的室内空间并非由孤立的房间组成，这些空间相互贯通——餐厅空间环绕并穿越楼梯与

圆厅别墅的内部空间是封闭、分裂、静态和人工化的;然而,赖特的罗比住宅的室内空间则是自由、统一、动态以及(在某种意义上是)自然状态的。空间流动起来,在建筑的实体部分之间穿越与环绕——例如:它穿越烟囱,透过外墙,到达露台,然后融入城市当中。它更像是室外空间而非室内空间,更像自然环境下的空间,而非居家空间。

壁炉的组合体,融入远处的起居空间,接着再穿过有大面积玻璃的外墙,向外到达大屋顶悬挑下的露台。因此,流动的空间不仅将建筑内部统一起来,而且它一直向外延伸到周围的景观之中。在罗比住宅这个案例中,流动空间蔓延进了芝加哥郊区的周边街道。圆厅别墅几乎同样如此,其内部空间延伸进入到周围的景观中。它有四个同样的台阶通向四个一模一样的门廊,仿佛在向四面八方发出邀请:"欢迎进来看看。"与此同时,其建筑形式却以某种方式保持平静和超然。它希望将自己与周围的树林和田野区分开来,而不是成为它们的一部分。它好像在说:"我是一个人造物,我不是有机体。"

综上所述,有机建筑包含几个不同的层面。它推崇形式和材料之间的密切联系,允许形式是从材料当中生长出来的,而不是将形式强加于材料。有机建筑以一种相类似的方式寻求空间的解决方案,它并非取材于抽象图案或传统布局,而是依据特定社会和文化机构实际的与精神的需求。这些需求包括从中世纪欧洲的宗教愿景,一直到20世纪初芝加哥富裕的工业家的世俗欲望。有机建筑也希望能够融入其周围的景观,包括形成该景观的气候环境。它希望与自然融为一体,而不是置身于外。而且有机建筑可能与树木或森林等有机物存在一些物理上的相似之处。它可能的确是由有机材料建造而成,然而对于"有机建筑"这个概念来说,这些特征并非不可或缺。从最根本的层面上说,也许有机建筑的灵感来源于大自然而非历史,其不只是大自然的外在形态，而且包括大自然内在的运作方式。文艺复兴时期的建筑师采用传统的建筑形式，并将其强加于自然与社会之上。有机建筑则正好相反。自然与社会才是第一位的，因为正是它们导致了建筑形式的生成。

乡土建筑

那么建筑师在乡土建筑这一领域中又发挥着怎样的作用呢？或许他们并没有我们想象的那么重要。1964 年，伯纳德·鲁道夫斯基（Bernard Rudofsky）根据他在纽约现代艺术博物馆举办的一场展览编著了一本享誉于世的书，书名为《没有建筑师的建筑》（*Architecture withoutr Architects*）③。该书是对世界各地"乡土"建筑有选择性地调查——这些在乡土社会当中建造的房屋并不存在如下的概念，即将建筑视为一种职业或者一门学科。建筑师，顾名思义，是无法设计出乡土建筑的。这种说法似乎相当笼统，但我们必须牢牢记住，那些我们称为建筑的文化机构在西方世界出现得相对较晚。我们甚至不愿意将哥特式大教堂的设计者称为"建筑师"。鲁道夫斯基并不认为建筑会自发地建造起来，换句话说，在乡土建筑中就不是人为做出重要决定——例如，建筑的规模应该多大以及在建造过程中应该使用什么材料？他仅仅是说，这些"匿名"的建造者与西方通常意义下"建筑师"的概念并不相符。在这种观察的背后，其实隐藏着另一种类型的有机建筑。鲁道夫斯基所引用的一些案例，现在看起来都属于非常出众的建筑作品。例如，将 15 世纪波斯清真寺的拱顶和圆顶排除在传统建筑史之外，现在看来这受到文化上的局限。而将某些地中海村落的居住建筑称为"古典式乡土建筑"，这就意味着它与主流建筑史有直接联系。不过书中的其他图片（《没有建筑师的建筑》一书基本上就是一本图册），比如桑给巴尔（Zanzibar）和马拉喀什（Marrakesh）的航拍照片，或者苏丹西部多贡村庄的全景照片，似乎展示了一些与设计理念这种刻意行为不同的东西。它们看上去就像有机的堆积物，就像森林或珊瑚礁，或者昆虫的巢穴。一座摩洛哥的庭院式住宅当然是经过深思熟虑的设计产物。不过，当我们看到 500 座这样的房子簇

③ 该书全称为《没有建筑师的建筑：简明非正统建筑导论》。这本书完全取材于伯纳德·鲁道夫斯基在纽约现代艺术博物馆（MoMA）举办的同名展览"没有建筑师的建筑"。该展览举办于 1964 年 11 月 11 日至 1965 年 2 月 7 日。

拥在由街巷编织而成的街区中时，我们几乎可以相信它们就像一群有机体一样自然地生长。每一座房屋都是一个独立的个体，但又彼此相似，如同某一物种中的个体之间的关系一般。为什么我们不以这种方式去思考呢？毕竟，人类就是自然的有机体，我们并不是唯一一种能为自己建造庇护所的种群。在这里，我们并非要展开讨论动物建筑，而是去想一想小鸟的巢、兔子的窝、海狸的水坝、白蚁的土丘——可以列举的内容无穷无尽。人类是否也存在一种源于其本能的建造方式呢？哦，并不存在。人类社会永远都是文化性的，从来都不完全是"自然的"（这个词本身就是一种文化概念）。但是，如果我们将人类自己建造的庇护所以某种形式进行编排的话——从人工的到自然的，从人为预设的到有机生成的——那么许多乡土建筑必须置于这一排列当中有机生成的那一端。

关系和流程

现在应该非常清楚了。当我们在思考有机建筑的时候，我们不仅仅是在考虑已经落成的建筑。有机的概念似乎也与关系和流程密切相

左图为摩洛哥民居的航拍照片，出自《没有建筑师的建筑》一书。这类房屋有时候会被称为"乡土"建筑。"乡土"这个词将建筑与口头语言联系在一起，口语是当地百姓的共同语言。从某种意义上说，这些独立式住宅中的每一座都经过"设计"，但它也遵循一种从气候、建筑材料以及文化偏好当中自然孕育出来的传统。

关，正如它与外表的关系一样。一座建筑，即使其形式与文艺复兴时期的别墅一样是预设且僵化的，然而该建筑的运作方式也可以被称为有机的。"建筑的运作方式"可能意味着几个不同的层面，例如：建造的方式，建筑内外容纳特定活动的方式，或者改变环境现状条件的方式——如保持其室内温暖或凉爽。如今，负责任的建筑师敏锐地意识到节约能源、减少污染的必要性，以及缓解全球变暖的潜在灾难性影响。尽管如此，在炎热的气候条件下，保持建筑内部舒适凉爽最常见的方法仍然是安装机械空调，但这将耗费不少能源并间接排放大量二氧化碳。对于建筑环境改善来说，这种方式并不是有机的。真正有机的方式将是被动式的调控温度，即通过悬挑的大屋顶或者设置百叶式的幕墙为建筑遮阳，或者通过风塔原理增强建筑室内冷空气对流。而针对寒冷的气候条件，也有相应的技术措施：高性能的热绝缘材料，白天采用温室以吸收冬季阳光的热量，并且运用厚重的墙体与地板吸收和储存热量；夜晚则将热量缓慢释放，以消除寒夜的凉意。这些措施之所以称为"被动式"技术，是因为它们仅仅采用太阳能。这种能源取之不尽、用之不竭，而且清洁无污染。因此，我们也可以称之为"有机"技术。因为这是对气候条件的针对性适应，就像北极狐的皮毛或者骆驼的驼峰一样。

伊甸园项目（the Eden Project）建于英国康沃尔（Cornwall）的一座废弃瓷土采矿场。该建筑由尼古拉斯·格里姆肖（Nicholas Grimshaw）设计，它在多个方面都体现出有机性。建筑的功能是用来展示世界各地的植物，它们并非作为独立的标本，而是以组合的方式重新塑造出它们所适应的自然生态。而这座用来容纳这些展陈植物的建筑，则被称为"生物群落"（生物穹顶）。它们实际上只是一些温室而已。但其规模如此之大，以至于它们看上去更像完全自给自足的环境，甚至可以说是位于敌对星球上的一个空间站。如果不直接运用有机的比喻，我们很难描述这些建筑。它们看上去就像蜂巢，或者昆虫的眼睛，青蛙的卵，或者某种奇怪的真菌实体。它们也像气泡一样，附着于黏土矿坑的地板和墙壁上，并像通常的气泡那样通过完美的半圆形拱连接起来。它们自然化的或者有机的视觉特征，似乎真的就是从该设计的有机原则中生长出来的。值得注意的是，它们在结构方面极为有效。该结构跨度非常之大，然而其金属杆与节点——用来构成六边形和五边形的结构框架——却如此轻便，以至于能够徒手建造。在气泡与地面相接的地方，也呈现出有机的不规则性。在这里，建筑师有意识地效仿了蜻蜓翅膀。在蜻蜓翅膀前缘或结构性的翼梁处,一种六边形图案以特殊的方式出现形变。甚至连温室的"玻璃"也像是一种有机膜。它所使用的根本就不是玻璃,而是一种名为 ETFE(乙烯-四氟己烯共聚物)的新型塑料。由这种材料制成三层厚的膨胀气垫。

　　从上述案例当中我们获得的启示是:概念上的有机与视觉上的有机往往相辅相成。有时候,很难将两者区分开来。伊甸园项目的建筑师究竟是有意让生物穹顶看上去像蜂巢和蜻蜓翅膀一样,还是当建筑师或工程师试图建造一座高效的建筑时,诸如此类的有机形式便会自然地出现呢?也许,高效的建筑往往看上去就是有机的样子,因为大自然总是选择高效的建筑。建筑师并没有像画家或雕塑家那样模仿自然的形态,其实他是在模仿一种自然形式的生成过程。现在,我们是时候仔细研究一下自然形式的生成过程,看看它们与建筑形式的生成在多大程度上具有可比性。

下图为位于康沃尔的伊甸园项目,由尼古拉斯·格里姆肖设计。该建筑的"生物穹顶"从多个方面来看都是有机的。它们看起来就像有机体——也许是昆虫的眼睛,或者青蛙的卵——它们展示出有机的形态,它们是通过模仿自然过程这种方式设计出来的。然而,将有机形式与人造建筑进行比较,有局限性。生物穹顶并不会生长,它们只是被精心搭建在一个巨大的脚手架上。

自然形态

为了有意识地模仿自然的生成过程，建筑师首先必须对它有所了解。这一点似乎显而易见，但它非常重要。因为，它认识到了自然界的真实面貌与我们所认知的样子两者之间的区别——我们对自然的了解并不完备。现代科学的声望如此之高，以至于我们会认为，人类已经掌握了几乎所有关于自然的知识。然而，如果求教一位真正的科学家，对方则会告诉你，我们对大自然的了解总是暂时的，是会发生变化的。只要世界上有科学家在进行理论研究，在从事实验研究，并且他们之间的观点存在分歧，这种变化将会继续出现。在古希腊，哲学家负责构建关于他们周边世界的理论，包括那些关于形式的理论、材料的理论以及事物是如何创造出来的理论。正如我们在第 3 章中所述，柏拉图将形式从材料当中分离出来，并让形式在两者中占据主导地位。纯粹的形式只是存在于上帝心中的观念而已，然而在自然界中，我们所看到的实际形式只是对这些观念形式的苍白反映。所以，上帝将地球上未成形的物质拿过来，并将形式强加于其上。形式是"超然的"。对于后来的犹太－基督教和穆斯林哲学家们来说，这一理论似乎契合了有关创世的神话故事，其中形式是由上帝赋予的，而且永恒不变。因此在自然界当中，形式的产生是一件自上而下的事。那么，我们现在怎么认为呢？自从两百多年前查尔斯·达尔文（Charles Darwin）为人类带来观念上的突破以来——他提出这一观点，即物种在数百万年的时间里，通过自然选择和适者生存的过程进化至今——主流观点一直认为，有机形态是在进化过程中才出现的。它并非"超然的"而是"内在的"；并非凌驾于自然之上，而是在自然当中；其产生过程并非自上而下，而是自下而上。

在过去的几十年里，纯粹的哲学与建筑理论之间的联系不断加强，尤其是在最近，哲学的一个特定分支开始直接或间接地影响了那些关注建筑与自然两者之间关系的建筑师。法国哲学家吉尔·德勒兹（Gilles Deleuze）讨论了一系列令人眼花缭乱的话题。对于职业哲学家之外的任何读者来说，他的书——其中有一些是与菲利克斯·加塔利（Felix Guattari）合著——内容晦涩难懂。幸运的是，书中试图描述世界是怎样的（他的"本体论"）那部分哲学内容可以通过多种方式进行简化，使其对建筑理论有所帮助。不过，在介绍德勒兹的思想之前，我们应该先看一本生物学著作，该书写于一百多年前。从那时候起，这本书一直都是有机建筑师的灵感来源。

这本书就是《生长和形态》（*On Growth and Form*），作者为苏格兰生物学家达西·温特沃斯·汤普森（D'Arcy Wentworth Thompson）。该书是一部描述性的著作，而非理论书籍。它不仅描述了生物体的形式，还描述了这些形式与生物进化所在环境中的决定性作用力之间的关系，尤其是数学关系。例如，书中描述了"相似原理"是如何控制动物和植物的大小。当一个物体的尺寸发生变化时，该物体的表面积和体积也同样发生变化，但其变化的比例并不相同。因此，当一个球体的半径增加一倍时，其表面积将增加4倍，然而它的体积以及它的重量——如果是一个密度均匀的实体——将增加8倍。换句话说，表面积按照半径的平方增加，体积则以半径的立方增加。达西·汤普森在书中这样写道："根据这些基本原则，推导出了非常多的结果。"[2] 而这样的表述，显然过于轻描淡写。相似性原理解释了为什么陆地上不存在比大象还要大的动物，为什么小动物行动敏捷而大动物的动作缓慢，为什么没有比鼩鼱还要小的哺乳动物，而且为什么没有比花金龟科甲虫更大的昆虫，以及为什么松树树干笔直向上生长且越长越细。这个原理显然对建筑师和工程师们有着重要的意义。达西·汤普森以钢梁作为例子对其原理进行简要说明，由此得出的结论令人惊讶——两座几何形状相似的桥梁，体积越大的越脆弱。如果工程师们对此不足为奇的话，建筑师一定会感到震惊。

书中另有一章，专门对密切相关的生物进行比较。该章节内容以迷人的线条图来描绘，线条之清晰令人惊讶。例如，通过简单的几何变形，可以将特定种类的鱼转化为外观形式上完全不同种类的鱼。达西·汤普森可能从未听说过"变形"这个词，如果他现在还活着的话，肯定会利用计算机动画技术将一个人的脸变成另一个人的脸，或者将一匹马变成一只兔子。通过对这些变形方式进行思考，我们获得两点启示。第一点是，这两种鱼从某种意义上说其身体特征非常不同——一种鱼又长又瘦，另一种鱼又短又肥。然而在另一种意义上，两者又非常相似，因为它们都有相同的外貌特征，如鳍、尾巴、眼睛、鳃等。第二点是，这种变形——也就是这种极为平缓的进化，通过自然选择机制从一个物种转变为另一个物种——之所以会发生，是因为该有机体生存所必须的环境条件发生了变化。例如，温度或者水的含盐量发生变化，或食物供应的场所有所改变，迫使鱼游到更深的海域，那里的水压更高，阳光更稀疏。由此，我们便能以一种与德勒兹的思维相类似的方式来思考世界和自然。为了理解德勒兹的本体论，曼努埃尔·德兰达（Manuel DeLanda）可以为我们导读。他专门向非哲学家群体，尤其是建筑师，阐释德勒兹的思想。[3]

延展型与密集型

按照德勒兹的说法，"世界上所发生的一切，以及所存在的一切，都与差异的秩序相关：高度差、温度差、压力差、张力差、电位差以及强度（intensity）的差别。"[4] 这种强度的概念很重要。当我们考虑"形态发生"（morphogenesis）——即形式以及它在世界上的存在方式——的时候，我们总是在思考静态的形式，即柏拉图所设想的形式，或自上而下强加于物质的形式。我们或许可以称之为"延展的"形式，因为它在空间中不断延伸。然而对于德勒兹来说，这却是一种幼稚的幻想。他认为，在现实当中延展的世界永远无法与密集的世界分割开来。而这个密集的世界涵盖力量、温度、压力、速度和化学浓度。

延展型和密集型具有完全不同的特点。一种延展的形式可以进行定量划分，其结果是可预测的。例如，如果将一立方米的水一分为二，其结果将获得两份半立方米的水。然而，水的体积减小了一半其温度并不会减半。由于将水一分为二这个过程会损耗一点能量，水温可能会略有变化；但是水对半分开之后，其温度并不会变为之前水温的一半。延展的形式——即柏拉图所感兴趣的形式——是易于操作与控制的，至少在概念上它是惰性的。相对而言，强度则很难控制，因为它们在本质上是动态的，使它们充满活力的是差异。如果我们将盛

下图为达西·温特沃斯·汤普森《生长和形态》一书中的插图。该书于 1917 年首次出版。不同种类的鱼，其拓扑关系是相似的，也就是说它们具有相似的组成部分，并以类似的方式排列；然而它们的测量尺寸却不相同——有的又短又肥，有的又长又瘦。物种之间这些测量尺寸上的差异是由其栖息地的不同导致的。建筑能够模仿这种形式生成的方法吗？

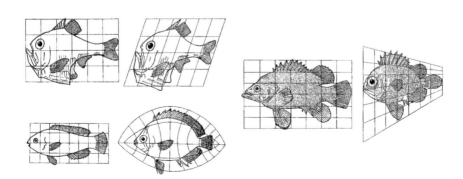

满水的容器（火炉上的水壶）加热，水壶顶部与底部之间的温差会导致水发生流动。当温度较低的水下沉并替换已经被炉子加热过的水时，我们将观察到水的对流现象。这些对流将采取一种特殊的形式——也许沿着壶壁上升，而在其中心位置下沉。随着强度——温度——升高，对流的形式也会发生变化，变得更加湍急，一直达到临界阈值并开始沸腾。如果我们将这个水壶放入严寒之中，水的形态最终会变成完全不同的物质：冰。因此，强度作用于物质以创造出形式。气象图正好说明了这一点。描绘陆地以及海洋边界的底图代表了延展的形式，日复一日保持不变。而覆盖于其上的大气云图则代表了不同强度的温度和压力，以及由这些差异所塑造出来的形式——气旋与反气旋、气压的波峰和波谷，暖锋和冷锋。地图上的这一部分，每一天、每一分钟都在发生变化。

请注意，我们已经开始讨论无机形式和有机形式。对于德勒兹来说，这种区分并不像人们通常所认为的那样泾渭分明。在他看来，一切物质皆有生命，都具备形态发生的潜能。从原则上说，加勒比海地区飓风的"生成"和"壮大"与一个动物的出生和成长，两者之间并没有太大的区别。然而这种动物并非一个孤立的标本，以提供给动物学家们解剖和分析；它是一个无限复杂的整体的一部分，不仅包括其生态环境——它吃的食物以及捕食它的其他的动物——还包括它赖以生存的栖息地。在某些特殊的例子中，由于存在形式塑造的几何规律，物质的形态发生潜能就变得显而易见。比如对称的晶体、玄武岩地层多面的柱状节理以及完美的肥皂泡球体，就是一些很好的例子。也许正是出于这些现象，使得过去的思想家更重视规则形式而非不规则形式，就像柏拉图那样，他们想象着四面体、立方体、八面体和二十面体在某种意义上就是宇宙结构的基础。然而对于德勒兹来说，这种对于规则形式的偏爱其实是错误的。形式永远应该按照强度的潜在差异来理解——正是这种强度差将它们塑造出来。一个肥皂泡，作用于其肥皂水薄膜上的力将自然地进入平衡状态，从而最大限度地减少表面张力。然而，最终形成的完美球体并非重点，导致它生成这种完美球体的动态过程才是关键所在。

规则性问题引出了德勒兹本体论的另外一个重要方面。规则形式是可以度量的形式。球体、立方体和四面体，诸如此类的形式，都是根据它们在度量上的相似性进行分类和命名的。其相似性，在于它们物理尺寸之间固定的比率。这种通过度量来区分形式的方法，有时候称为欧几里得几何，其名称来自古希腊数学家欧几里得。但是还有其他的几何形状，以及其他的形式分类与命名方法。投影几何便是其中之一。如果你在一块硬纸板上切出一个方孔，并让光线穿过它照射到墙面上，（注意要让所有一切保持平直）那么墙面上就会出现一块方形光斑。但是，如果我们将纸板倾斜一点，（墙面上的）光斑将会扭曲成另一个形状，尽管我们仍可以看出它与原初的正方形有类似之处，但两者的角度和比例却有很大差异。原初的正方形属于欧几里得几何，而扭曲变形之后的正方形属于投影几何。在投影几何中，由该装置投射出来的、各种可能的被扭曲的正方形均被认为是等同的，而不仅仅是那些具有相同角度和比例的正方形。艺术家与建筑师对投影几何都很熟悉，因为它是透视表现的基础。

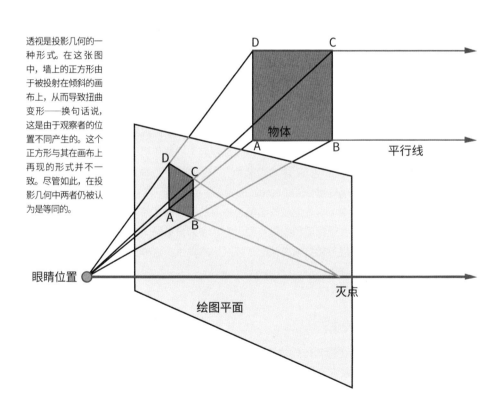

透视是投影几何的一种形式。在这张图中，墙上的正方形由于被投射在倾斜的画布上，从而导致扭曲变形——换句话说，这是由于观察者的位置不同产生的。这个正方形与其在画布上再现的形式并不一致。尽管如此，在投影几何中两者仍被认为是等同的。

物体

平行线

眼睛位置

灭点

绘图平面

"拓扑学"是几何学的另一种类型。在"拓扑学"中，不同的形式会被认为是一样的，并不是因为它们在视觉上彼此相像，而是由于它们所占据的空间具有相似的连通模式。要想说明这一点，最好的例子是推动拓扑学发展的先驱之一莱昂哈德·欧拉（Leonhard Euler）所进行的一项实验。[5]欧拉发现，基于哥尼斯堡市的空间组织模式，不可能规划出一条可以一次性穿过城中七座桥的路线。对于另外一座城市来说，如果它具有这种相似的连通模式，那么我们并不需要仔细研究其平面就知道能否找到或者设计出这样的路径，尽管两座城市在规模、河流、丘陵、街道曲直与否等方面完全不同。在欧几里得几何中，第二座城市会有所不同，然而在拓扑几何中两者却是一致的。让我们进一步扩展以上的思考，我们或许可以设想另外的形式或空间：它们在一种几何类型中不同，然而在另一种几何类型中却类似。这让我们想起了达西·汤普森的那些插图，并且想起了不同形态的鱼之间相互转化的方式。大象的骨骼可以演变为鳄鱼的骨骼。这是因为，尽管两者在测量学上完全不同，但从拓扑上看它们是一致的。现在我们将强度和差异的概念结合起来，或许可以瞥见——至少是以一种基本的方式——德勒兹本体论中的形态发生是如何运作的，以及它与旧的形式生成概念有何不同。

形式，无论是有机的还是无机的，不管是肥皂泡还是鳄鱼，都源于强度的拓扑结构，用曼努埃尔·德兰达的话来说，它"栖居于充满活力的空间"。[6]这些结构（configurations）和空间在什么意义上能够被称为"存在"，这是一个非常棘手的哲学问题。然而对于传统的柏拉图形式，有关其存在的问题同样如此。德勒兹倾向于回避使用"可能"和"真实"这两个词，而更喜欢"虚拟"和"现实"（actual）。因此，现实世界（the world of actual form）的背后，存在着一个虚拟的、动态的世界，它充满了形式生成的潜能。重要的是，形式并非自上而下强加的，而是内在于物质和能量当中。它并非来自某种一成不变的复制过程，而是通过一种持续变化的开放式形态发生。这种不断变化的一个例子，就是进化。

建筑与自然的关系

现在，我们再回到更为具体的建筑世界，话题可能会轻松很多。通过上述对吉尔·德勒兹本体论的粗浅解读，建筑的世界看上去会有什么不同呢？我们看到伊甸园项目，不仅受自然形态的影响（包括气泡结构），而且也受自然进程的影响。我们现在对这些进程有了更多的了解，也许会使我们对建筑与自然两者关系的潜力看得更清楚。令人鼓舞的是，为了阐述这种关系，曼努埃尔·德兰达选择了近代建筑史中大家都熟悉的案例。其中之一便是 20 世纪初伟大的西班牙建筑师安东尼·高迪（Antoni Gaudí）的作品。[7] 高迪是一位有机建筑师。他的建筑灵感来自动物和植物的形式，而且正如我们将看到的，他也受到自然形态发生学原理的启发。例如，我们看一看他在奎尔领地（Colònia Güell）建造的小教堂。奎尔领地是一处工人聚居地，位于圣科洛马-德塞尔韦洛（Santa Coloma de Cervelló）。该项目于 1914 年停工，当时只建成了地穴部分。小教堂的结构可以粗略地定义为哥特式。但它不是中世纪有序的、等级分明的哥特式，更不是那种理性化的 19 世纪版本。这座小教堂的所有立柱似乎都随机排布，它们在向不同方向倾斜，仿佛在奋力支撑盘根错节的拱顶檩条架的过程中扭曲了自己。有些柱子是用砖块砌筑，有些则是由石头简单雕琢而成。建筑内部与其说像一片松树林，不如说是一具被掏空了内脏的动物尸体。它的建造材料主要有砖、石头和混凝土。它们混搭起来，并没有明显的逻辑性。就在外墙面，一段较为规则的、精心砌筑的砖墙突然衔接上燃烧过度的废品材料；这些材料只是简单地堆积起来，并用砂浆黏在一起。它们正好位于泪珠形窗户的下面，使其看上去就像某些巨型爬行动物泪汪汪的眼睛。

　　关于有机形式我们谈了这么多，那形态发生原理又是怎样的呢？这个想法很简单，但非常精彩。高迪的作品与其说是在模仿自然，不如说是与自然合作。正如我们所见，在一座哥特式拱顶结构的建筑当中，要确保建筑的稳定性，其关键在于将所有的力——石头的重量和风压——通过檩条、立柱与扶壁的组合传递到地基。檩条施加于立柱上的力会将其向外推，然而扶壁却平衡了这种力，它保证了整体结构的稳定性。高迪意识到，可以采用另一种方式来平衡这种力：即通过将立柱倾斜，使它们抵抗来自穹顶的推力。高迪抛弃了工匠们对于垂直性结构本能的选择，将建筑形式从传统的建筑秩序中解放出来。这样无论力来自何处，结构构件都可以对此做出回应。他还意识到，有一种简单、自然的方法可以将这些力视觉化地呈现出来。由此，这些结构构件便可以与力保持一致。他只是简单地将压力想象成张力，并在一个倒置的、负荷悬索模型中将这些力映射出来。只要（其荷载

安东尼·高迪设计的巴塞罗那圣家族大教堂。高迪生前完成的那部分由不含钢筋的石头建造，但后期的建筑（仍在建设当中）则用钢筋混凝土建造。因此，该建筑的有机本质被破坏了。

高迪用来为他的建筑"寻找"形式的悬索模型之一。小铅袋所代表的是作用在建筑上的载荷，而绳子则代表结构构件。当这张照片颠倒过来，模型中的张力就转变成了压力，一种有效的结构形式便呈现出来。

的）重量与实际建筑中的力成正比，悬索便会预示结构构件的最佳位置。用实体构件代替悬索，并以正确的方式颠倒模型，它便能自然而然地创造出最有效的形态。这种方式，与其说是在"造型"（form-making），不如说是在"找形"（form-finding）。

这项技术也应用到了高迪举世闻名的建筑——巴塞罗那的圣家族大教堂（the Sagrada Familia Church），其建筑规模可以与中世纪的大教堂相媲美。就在这座教堂的地下博物馆中，陈列着高迪的一个大型悬索模型，并且可以与这座建筑本身进行比较。这座建筑，自从它开始建设至今已超过 100 年时间，目前它仍未竣工。然而，建筑新建设的部分与高迪生前建造的那部分，两者之间存在一个关键性的差异。高迪的建筑结构属于真正的哥特式，因为它仅由不含钢筋的石头建造而成。而新的结构则由钢筋混凝土建造，它具有完全不同的材料与结构特征。这里已经不再需要精确的力学平衡，负荷悬索模型也变得无关紧要。这座建筑从外观上看仍然是有机的，但在建造层面上已不再有机了。

曼努埃尔·德兰达指出，高迪建筑模型背后的形态发生原理——用德勒兹的话来说——与肥皂泡的生成原理一致。[8] 当一根链条松弛地悬挂于两个固定端点时，它会自动形成一根悬链曲线，使作用在链条上的重力势能最小化。从拓扑学的角度来看，上述过程是一致的——通过这种方式，肥皂膜的表面张力最小化，并形成完美的球形气泡。从生物学意义上讲，这毫无有机可言。形式生成的潜能内在于材料和拓扑的强度结构当中，而上述案例体现为结构力。不过，植物和动物的形态发生过程，原则上内在于材料和拓扑的强度结构中。例如人类胚胎的生长是一个细胞一个细胞地展开，它是由强度相似的拓扑结构逐步分裂的。这一次是由 DNA 分子的遗传密码所引导。

虚拟图解

当我们考虑建筑的工程方面（结构或者供暖与通风），自然的形态发生和建筑的形式生成之间的相似性最为明确。从某种意义上讲，工程师总是与大自然合作。他们不能忽视重力和热力学。但在对建筑形式影响较小的方面——例如，建筑平面——情况又如何呢？拓扑和强度的思维方式，与建筑设计领域又有什么相关性吗？从某种意义上说，最实用的设计方法可以从自然形态发生的角度观察出来。当建筑师要为一座房屋制定一份任务书时，他（或她）会向客户询问建筑中将会发生的活动类型、参与人数、群体规模，以及它们随着时间的分布情况，等等。我们可以将这些称为使用强度。也许建筑师绘制的第一张图将是某种气泡图或流程图，以表示不同的用途以及它们之间的必要联系。例如，如果它是一所学校，那么这张图可能代表了教室、礼堂和操场之间的关系。该图不必按照比例绘制，因为它代表的是关联性，而非量化结果。换句话说，它其实是一张拓扑图。如此看来，建筑师也要处理拓扑和强度，正如大自然那样。

建筑最终的形式，是将这些虚拟图在延展的空间当中变为现实。现代建筑师似乎一直以来都是德勒兹主义者。当我们将平面与结构、供暖和通风系统（包括外墙和屋顶）结合起来，一切都按有机原则进行设计时，我们自然就获得了一座有机建筑，无论它看起来是否像一个自然的有机体。然而，问题在于我们将设计对象的这些不同部分区分开来，为每一部分赋予独特的形式，有时甚至会让不同的设计者负责不同部分。建筑师当然需要对结构原理有所了解，但是将粗略的设计移交给结构顾问，以便他们能够"深化设计"，这仍是一种极为常见的工作方式。大自然并不会这样做。大自然似乎同时设计了所有东西。生物体的组成部分并不是一个叠加于另一个之上——就像墙壁砌筑在地板上，屋顶又架在墙体上那样——它们融合为一个整体，我们称之为有机体。建筑如何才能实现这种整体性、连续性和平滑性呢？

答案就在计算机当中。近年来，借助于计算机辅助设计（CAD）软件的发展，建筑师已经可以从三个维度上直接操控形式。通常，它涉及对原始的简单形式（例如，立方体或球体）进行渐进式的变形和改良。这或许解释了，为何大量水滴状的建筑会在 20 世纪 90 年代末出现。因为当时的建筑师熟练掌握了 CAD 软件，并开始摆脱传统的"平面—剖面—立面，墙面—地板—屋顶"之类的思维方式。不过，只有当这些软件添加上"脚本"组件之后，这些软件真正的潜能才变得清晰起来。突然间，一种令人兴奋的、新的可能出现了：自动生成的建筑设计，有时候称之为"算法"或者"参数"设计。一套算法就像一个食谱，一组能创造某些新事物的指令，而这些新事物可以是一块牛排腰子饼或者是一座建筑。不过借助于食谱，其结果（我们希望）是可以预测的——一道牛排腰子饼的食谱不会做出一个巧克力蛋糕——而算法的全部意义在于，它会带来出人意料的结果。我们希望它能发掘一种新颖的形式，而不是一些我们已经知道的传统形式。如影响因素不断地组合变化，导致自然形式自发地"涌现"。这片罗马上空的云朵，由成千上万的小生物（椋鸟）组成，但我们也可以将其视为一个独立的有机体，具有一种独一无二的、动态形式。参数化或者算法设计旨在通过类似的过程创造出建筑形式。

果我们要解决某个特定的问题——也许是为学校找到一条最便捷的交通流线——我们可以设计一种算法，让计算机测试所有可行的方案，并找到距离最短的那条路径。这类任务就是计算机所擅长的。我们可能不会完全采用计算机设计出来的方案，因为它可能并不美观（美是计算机并不擅长做的那类事）。但是知道了最佳解决方案，肯定能够帮助我们获得一个令人满意的设计。

　　类似地，我们可以设计一种算法为房地产的标准化住宅找到最佳布局方案，同时能考虑出入口、私密性、采光、坡度等要求。计算机将测试所有可能的布局方案，直到它找到能最大限度容纳房屋数量的那个布局，同时不违反算法所设定的一切规则或限制。这一过程很可能会出现有趣而形式化的规律，例如平行街道，或树形结构，或星形簇群。这些"涌现"的形式，相当于肥皂泡或晶体，或者是黄昏天空中成群结队的椋鸟聚集栖息时的形态——它不断地弯曲与层叠，异乎寻常的美。在自然界中，所有形式都是"涌现"出来的，没有什么是经过人为"设计"的。而算法设计，其实就是尝试通过模仿自然的过程，来窃取涌现这一形式的一些魔力。

在上述这些例子中，其目标比较容易界定和量化。但是，如果我们想要包含更多的因素，比如学校教室的大小或住宅窗户的设计，那又该怎么办呢？算法公式会变得复杂得多。如果我们再考虑材料的选择（包括其成本、耐用性和结构特征）、土壤的承载能力、能源消耗、采光要求，甚至可能包含一些审美偏好——所有这些因素都需要设计师人为考虑——此时，恐怕计算机也要开始挣扎了。整个过程需要引导，需要控制，计算机无法应对无穷的选择。它必须要有一个起始点，要有先例可循，即需要某种形态发生系统。

那些在算法设计的主要实验领域不断求索的建筑师，在自己使用计算机设计形态发生系统时会转向大自然寻求启示。传统建筑有结构分明、韵律化的典型形式，然而这在植物和动物中并不多见，至少在植物和动物那些分裂与包裹的部位不多见，例如哺乳动物的皮肤，往往是连续而弯曲的，能够适应动物的运动和不断变化的环境条件——天冷时瑟瑟发抖，天热时浑身冒汗。而身体不同部位上覆盖的皮肤也

扎哈·哈迪德为阿布扎比表演艺术中心（performing arts centre in Abu Dhabi）所做的方案便是一个很好的例子。其曲线形式源于参数化设计的过程。然而，该建筑的形态有如动物一般，这究竟是设计过程的自然结果，还是一些外在的文化力量起了作用——例如，时尚？无论如何，这便是建筑；它永远不可能完全全属于自然。

国家体育场（北京），由赫尔佐格和德梅隆为 2008 年北京奥运会设计。这座建筑绝不可能在数字化时代到来之前建造起来。建筑师有必要对结构部件进行标准化，以使得结构计算和建造成本经济可控。如今，计算机能够轻松应对多样性和差异性。

各不相同——在身体缝隙间受保护的地方，皮肤柔软而纤薄；但在脚板或手掌上，皮肤则坚硬且厚实。拿到显微镜下观察，皮肤和动物的其他部分一样，都是由细胞构成的。在胚胎（"干细胞"）中，所有细胞都一样；然而，随着动物的成长以及骨骼、肌肉和器官这一类独特形式的出现，细胞才变得特性化。对于计算机设计的建筑而言，这种曲面形式与细胞状结构相结合，是其常见的起始点。这类建筑开始宣称，自己属于众所周知的"有机建筑"领域。与传统的直线建筑元素相比，曲面形式能够更灵活地适应环境，也具备更丰富的功能：它可以是地板，可以是墙壁，还可以是天花板。舱体状的结构允许人们对其表面类型进行区分。人造舱体并不是微观的，它处于一种肉眼可见的与可操作的尺度下，就像窗户和门那样。舱体可以在其轮廓、厚薄、承重能力、保温性、透明度以及其他特质方面改变，以响应环境条件的变化或周围舱体的变化。它们可以包含一些动态的甚至是机械的特征，例如可开启与闭合的感光玻璃或者是通风口。但即便它们固定不动，也有可能各不相同，每个舱体都会对其确切位置的独特环境做出回应。我们很难找到，这类建成的有机建筑案例。因为在建筑行业当中，用来建造它们所需的计算机辅助机器设备仍然相对少见。不过，我们可以从成千上万的未建成方案、学生作品以及展览的示范图中，很好地了解它们的外观。

与此同时，在现实世界当中一些简易的参数化设计开始进入人们的视野。例如，北京著名的国家体育场（俗称"鸟巢"），在数字化时代到来之前它绝不可能被建造起来；或者伦敦大英博物馆大中庭的玻璃屋顶，它的形状就像一个拱起的肥皂膜，该结构由一个精巧的空间网架支撑。构成网架的是一些钢结构杆件与节点，其细节各有不同。以往，这种结构必须采用类型有限的标准部件进行建造，以避免反复制模，那将非常耗时而且造价不菲。如今，数控机床可以即时进行调整，因此过去的标准化需求已化为乌有。也许，正是这种突飞猛进的发展，让有机设计方法的现代复兴成为可能。

进化与设计

因此，如果给定正确的算法并且设置好正确的参数，计算机几乎就可以像大自然"设计"动物或植物那样设计一座建筑。也就是说，通过找形的方式——该形式与其环境相适宜。这座建筑使用起来将是有机的，它的外观看起来也是有机的。然而就在这种比较中，缺少一个相当重要的自然过程：进化。计算机也能模仿进化吗？实际上，这几十年来计算机一直都在模仿进化。通过使用所谓的遗传算法，计算机创造出各种各样原始形式的"人工生命"。原则上，我们没有理由不采用这种方式从事建筑设计。毕竟，建筑进化的概念已不是什么新概念了。"建筑类型与风格会随着时间的推移而进化。"这一总体思想可以追溯至 19 世纪，甚至要早于 1859 年出版的达尔文的《物种起源》。例如，詹姆斯·弗格森（James Fergusson）在其 1849 年出版的《艺术美的真正原理》（*True Principles of Beauty in Art*）一书中推荐了以下方法来使盎格鲁新教教堂获得完美设计：举办一场教堂设计竞赛，采用获胜方案建造教堂，找出它的缺陷并在下一个要建造的教堂中修正它；然后重复这个过程，直到获得完美的设计。弗格森估计，大概要经过十次反复的过程才可以纠正所有缺陷。

后达尔文时代关于进化论的思想就不那么天真了。我们已经看到，拓扑与强度的思维形式对于我们理解德勒兹式的自然形态发生十分必要。为了理解进化在自然界中是如何运作的，我们必须加入第三种视角——种群思维。[9] 自然界中的进化不仅仅是通过循序渐进式的改良过程，最终形成一种最佳的解决方案。相反，进化是一种现象。这种现象来自数量众多的个体与特定环境之间的相互作用。这里并不涉及优选的问题。达尔文进化论的全部意义，就在于它是无目的性的。最终建成的房子只是创建一座房屋的众多可能性之一，房屋尚未建成，但其创作过程仍朝它不断发展。这样表述大概合乎情理。这是一个古老的、亚里士多德式的思想，有时被称为"最终因"或"目的论"。然而，进化中并不存在这样的原因，它只有一个结果：适者生存。在一个物种的个体当中，其遗传密码会随机出现突变；假如它碰巧获得了生存上的优势，那么该个体便能成功地繁衍后代，并将相应优势传递给后代。

进化是一个盲目的、突变的过程，而建筑设计则是人蓄意为之。我们很难看出这两者之间有任何令人信服的相似之处。一方面，现代建筑师习惯于这样一种理念，即发明和创新，尽管难得一见，但至少是有可能的。然而，大自然并没有发明任何新东西。它总是对一些现有的东西进行发展。它的基本方向是更多地朝向过去，而不是未来。进化所做的一切，只是极为缓慢地对长期形成的"身体格局"（body plans）进行细微调整——例如哺乳动物的骨骼，尽管它们可能因物种而异，但在拓扑结构上却是相似的。这与我们所了解的建筑并不相同。如果遗传算法在建筑设计中有丝毫用武之地的话，就有必要以一些非常人为的方式对"自动"设计过程进行干预，例如创建种群、选择合适的身体格局以及刻意引入"随机"突变。如此一来，其结果可能依然有趣，但它却与自然的发生过程相距甚远。尽管数字产品设计栩栩如生，其品质也十分诱人；但"有机建筑"一词终究只是一种类比。

原文引注

1 参见 *The Essential Frank Lloyd Wright*: *Critical Writings on Architecture*, Bruce Brooks Pfeiffer, ed., Princeton Architectural Press, 2008, p56.

2 D'Arcy Wentworth Thompson, *On Growth and Form*, Cambridge University Press, 1961, p16.

3 参见 Manuel DeLanda, annotated bibliography athttp://www.cddc.vt.edu/host/delanda

4 Gilles Deleuze, *Difference and Repetition*, Paul Patton, trans., Continuum, 1994, p222.

5 参见 James Roy Newman, *The World of Mathematics*, Volume I, Dover Publications, 2000, Chapter 4.

6 Manuel DeLanda, 'Deleuze and the Genesis of form', in *Art Orbit*, no.1, Stockholm: Art Node, March 1998.

7 参见 Manuel DeLanda, 'Materiality: Anexact and Intense', in *NOX*: *Machining Architecture*, Lars Spuybroek, ed., Thames &Hudson, 2004, p370—377.

8 ibid., p374.

9 Manuel DeLanda, 'Deleuze and the Use of the genetic Algorithm in Architecture'in *Designing for a Digital World*, Neil Leach, ed., Wiley, 2002, p117—120.

第 7 章 历史
History

　　为什么建筑学专业的学生要学习建筑历史呢？而其他专业的课程学习——比如医学或工程学——通常不会涉及相应的历史课程；那又为什么备受瞩目的大学建筑课程都会相当慷慨地为这一主题安排大段学时呢？有时候，这门课会使用不同的名称——"文化背景"（cultural context），是一种较为普遍的选择——不过在一般情况下，第一学年会安排"概论课"，概述从古埃及到当今的建筑历史；接下来，第二学年的课程更专注于现代建筑历史；然后第三学年的要求是提交某种建筑历史论文。课程中的大多数学生都希望成为建筑师，而不是历史学家，那么为什么他们需要学这么多的历史课呢？从实践的意义上讲，对古罗马神庙或哥特式大教堂，抑或是对文艺复兴时期的宫殿进行研究，又能让现代设计师学到什么呢？从时间上和文化上来说，它们都太过久远，与当前的建筑实践有关系吗？

　　也有一种实用性的建筑历史，称为"案例研究"，它被认为能够直接应用于当前的实践。假如你正在设计一所学校，参考一下其他建筑师曾经设计过的学校，这显然是有意义的。不过，对拟建学校可能采取的建筑形式保持开放的态度，并广泛借鉴先例，包括来自不同地区、不同时代和不同类型的建筑案例——换句话说，即研究建筑历史——这也是有意义的。当然，如果现代建筑的设计者对社会保留下来的那些老建筑一无所知的话，这似乎很奇怪。这些老建筑我们仍然在使用，也许我们已经爱上了它们。我们生活在古老的建筑当中，或者围绕着它活动，它们的存在激发了人们的好奇心。如果我们想了解一座哥特式大教堂的意义，或者它是如何建造的，以及它是如何耸立起来的，那么询问建筑师似乎理所当然。也许建筑历史与建筑实践之间的联系，仅仅是对建筑长期存在于世这种趋势的反映，尤其是像大教堂那样具有象征意义的重要建筑。

　　建筑师为什么应该研究历史建筑？这有一些不错的实践理由和社会理由。不过，他们似乎遗漏了建筑与历史关系中的一些关键点。在我们进一步探讨这个问题之前，我们应该弄清楚我们所说的"历史"这个词其涵义是什么。有时候，这个词用来简单地表示"过去"——过去所发生的事件；有时候，它则用来指对过去的调查研究——历史学家所做的事情，记录和维护历史。在前一种意义上，历史（过去）是人类一切创造性领域——包括艺术、科学、技术和语言——一个不可或缺的维度。我们使用颇具误导性的"传统"一词来指代这个维度；然而我们所有的意思却是在说，在实践当中，或许也在原则本·凡·贝克尔和卡罗琳·博斯设计的莫比乌斯住宅（1998年）看上去一点也不传统。建筑平面图展示了它的空间以一种连续环状或莫比乌斯带的形式在流动，遵循了人类白天与黑夜的行为模式。不过，它仍然容纳了日常活动，比如餐饮、睡眠和互相交谈；它依然被称为一座"住宅"。

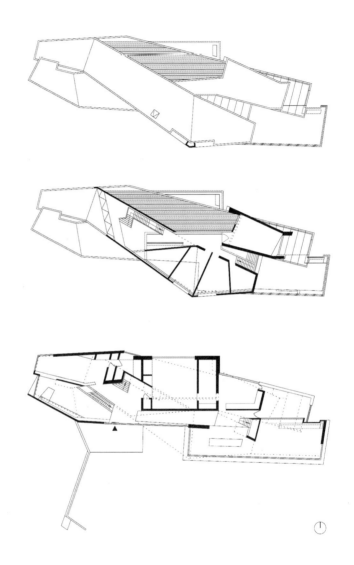

上，人类创造的任何东西都不是全新的。"文化背景"始终存在，而创作出来的作品必须融入其中。传统自始至终存在于世，即使有些东西被人拒绝或者遭到反对。以住宅为例，作为一种建筑类型，人们往往认为它是由前卫建筑师"重新发明"的。这些前卫建筑师抛弃了一切传统的家庭形式、空间、材料或装饰。本·凡·贝克尔（Ben van Berkel）和卡罗琳·博斯（Caroline Bos）① 在乌得勒支设计的莫比乌斯住宅 ② 似乎属于一种全新的建筑形式——一个动态的空间环，人在其中生活起居的顺序以 24 小时为周期循环。但它仍是一座住宅，并仍然把自己叫作住宅，而且还容纳了供餐饮、休闲和睡眠等家庭活动使用的空间，其发布的建筑平面上依旧标记着诸如"起居室""卧室"和"浴室"等房间名称。建筑与历史（代表"过去"的意思）之间的关系，现在并不比以往任何时候弱。

但在学术性的学科层面，建筑与历史之间的关系又如何呢？由于建筑属于大型的、复杂而且经久耐用之物，我们在对往昔进行调查研究时往往要借助于它们。对于历史学家来说，它们就是"原始材料"，无须从图书馆和档案馆中查找；它们就在那里，耸立在我们面前并且环绕于我们周围，等待人们去分析和诠释。我们觉得，只要花一个小时游览一下古罗马斗兽场的废墟，就会对古罗马有所了解；或者只要在一座乔治亚时期的广场上溜达一圈，就可以知晓 18 世纪的伦敦。我们甚至感觉接触到了这些房屋的建造者，毫不夸张地说，我们与他们的喜好和倾向、他们的情感以及他们对世界的看法有了联系。有些建筑似乎也是历史研究的产物——几乎等同于历史书。例如，19 世纪的哥特式复兴建筑。它们既是建筑作品，也是学术成果。它们是对中世纪生活的某些方面富有想象力的呼应或者是再创作。它们不仅满足了当时社会的需求，也对过去的知识体系贡献了一己之力。而文艺复兴时期古典建筑的复兴或许也是某种历史工程，试图让古罗马重现黄金时代的生机。上述这些案例都是将建筑视为形式化的历史知识。

20 世纪的现代主义建筑师认为，19 世纪的复古行为与进步的、前瞻性的工业文化并不相干。然而不久之后，现代主义自身也成为复兴的对象。在 20 世纪 70 年代，一群被称为"纽约五人"（New York Five）的建筑师团体开始投身实践并发表作品，向 20 世纪 20 年代先锋现代主义建筑的抽象之美致敬。其中的一员，理查德·迈耶（Rich-

① 1988 年，本·凡·贝克尔（1957 年—）和卡罗琳·博斯（1959 年—）于荷兰阿姆斯特丹创建 UNStudio 设计公司。该公司于 20 世纪 90 年代崭露头角。目前它已是世界富有影响力的建筑师事务所之一。
② 莫比乌斯住宅建成于 1998 年，建筑面积有 550 平方米。在建筑平面和剖面上，它都体现了莫比乌斯环的空间特征。在室内空间中，它表现了睡眠、工作与生活的 24 小时循环。

19 世纪的哥特式复兴建筑，既是学术成果也是建筑作品。在当时，建筑与历史似乎密不可分。这幅画代表了维奥莱-勒-迪克"理想化"的哥特式大教堂。但这里也存在一个悖论：人们可以复制历史风格的每一个细节，除了它的原创性。

ard Meier）设计了比例精美的纯白色住宅，例如位于密歇根州泉港（Harbour Springs）的道格拉斯住宅（Douglas House）。这座住宅显然是对勒·柯布西耶纯粹主义别墅的进一步发展与改良。某些评论家开始将这类建筑称为"新现代主义"，以区别于罗伯特·文丘里和查尔斯·摩尔（Charles Moore）等建筑师正倡导的"后现代主义"（post-Modernism）。

即便看上去是完全现代的建筑，也会存在其历史维度。理查德·迈耶设计的别墅——此处照片为1969年建造完成的萨尔茨曼住宅（Saltzman House）——自如地借鉴了勒·柯布西耶二战前纯粹主义别墅的手法。

时代精神

　　就历史这个词的双重含义来讲，建筑与历史存在一种特殊的关系。这种关系所带来的结果之一便是，人们普遍认为建筑代表着并传达了"时代精神"，即社会或文化的基本信仰。这个词组已被广为流传。实际上它是由德语"Zeitgeist"翻译过来的，与19世纪早期的哲学家弗里德里希·黑格尔（Friedrich Hegel）有关。黑格尔认为民族的历史由一系列文化或时代所构成，它们就像生物一样出生、繁荣和消亡。[1]而且像生物一样，每一种文化或时代都有一个灵魂或精神（Geist）。19世纪晚期的思想家们接受了这一理念，并将其应用于艺术史，包括建筑史。在此之前，人们将建筑视为一种延续的传统，而建筑师则不可避免地要借助这一传统创作。但在19世纪晚期，大家已经不这么看了。人们开始把它视为一系列独特的风格，每一种风格都表达了那个时代的精神。这些风格被命名为"哥特式""文艺复兴""风格主义"（或矫饰主义，Mannerist）和"巴洛克"。如今这些名词已经家喻户晓，以至于我们往往会忘记它们都是由历史学家们事后创造出来的。贝尼尼（Bernini）、博罗米尼（Borromini）和瓜里尼（Guarini）并不知道他们自己属于巴洛克艺术的建筑师，因为一直到19 世纪初"巴洛克"一词才被用来称谓 17 世纪华丽的古典建筑。而且，就像许多这类风格名称一样，"巴洛克"最初是一个贬义词，意思是形状不规则、怪诞或古怪。同样，"哥特式"最初也意味着野蛮和粗鲁，直到 18 世纪后期才被用来指称中世纪的建筑。（这与哥特人毫无关联，哥特人是日耳曼部落之一，从公元 2 世纪开始他们入侵罗马帝国的部分地区。）

在这种黑格尔式的建筑史版本中，每一种风格或时代都被细分为不同的阶段，大致对应各个阶段人类创造性的生活：其年轻时期，风格可能充满活力和创造力，但相对较粗；在其鼎盛时期，它将处于创造力的顶峰，产生出伟大的作品；到了晚年，它不可避免地衰退，变得懒惰和自我放纵。因此，文艺复兴早期的风格简洁明了（也许，以布鲁乃列斯基为代表）；到了文艺复兴"盛期"则让位于整体掌控与微妙的细节（如伯拉孟特和拉斐尔）；而接下来，又被文艺复兴晚期矫饰主义的颓废风格（朱利奥·罗马诺为代表）所取代。

以一种便捷的方式对过去的建筑进行分类，这没有什么不好。然而我们必须牢记，它是一种事后强加于历史证据之上的抽象结构，而且它也只能是临时性的。因为总有可能存在其他的解释。例如，我们可能会认定，历史上的时期与人的生命并不相似，它们没有起和伏，或者不存在成长与衰败，而且它们并不具备精神。黑格尔的观点值得商榷，当我们将它应用于当下而非往昔的时候，情况就更是如此。将一座建筑视为对一个过去时代的精神表达，这是一回事；而需要用一座新建筑来表达当代的精神，又是另外一回事。然而，后者正是现代建筑师、历史学家和理论家们乐于做的事。

希格弗莱德·吉迪恩（Sigfried Giedion）自身就是致力于现代运动的（in-house）历史学家，也是黑格尔历史方法的倡导者。他最著名的著作《空间·时间·建筑》（*Space, Time and Architecture*）于 1941 年首次出版。就在该书的导言中，吉迪恩非常清晰地解释了他的方法。文章开篇，他承认了他的老师——瑞士艺术史学家海因里希·沃尔夫林（Heinrich Wölfflin）对自身的影响：

"通过我们与他的个人交往，以及他杰出的讲座，我们——作为他的学生——学会了如何把握一个时代的精神。"[2]

因此，就有了那句大家都熟悉的短语——"时代精神"，并且明确暗示为了理解过去，历史学家必须掌握这种精神。但吉迪恩不仅仅是一位历史学家，他也是新兴的现代主义建筑风格的辩护者和推动者。对于他来说，最重要的时代就是当下的时代。他继续对历史的本质做出大胆断言：

"历史学家，尤其是建筑史学家，必须与当代观念保持密切联系。只有当他被自己所处时代的精神浸染之后，他才能准备好去发掘过去几代人忽略的那些方面。"[3]

这与我们所预期的可能正好相反。按照吉迪恩的说法，我们并非通过研究往昔从而了解今日；我们研究当下，目的是理解过去。有一个特殊的词用来描述这种看待过去的方式："目的论"（teleological），大致的意思是"事后诸葛亮"。目的论，是历史学家通常希望避免的。如果历史学家的目标就是了解过去的人们如何看待自身以及其在世界上的位置，那么能否知晓后续事件——他们对此一无所知——从逻辑上讲，必然无关紧要。吉迪恩忽略了这个不同观点，因为他对当下的兴趣要远远胜过往昔。对于他来说，历史研究的目的就是从过去当中寻找当代的根源。但在他能做到这一点之前，他必须首先确定，什么才是当下最重要的东西。在 20 世纪 30 年代，他正在撰写《空间·时间·建筑》一书，当时现代主义还算不上国际建筑的主流思想。它是一场由法国、荷兰和德国的一小部分知识分子精英掀起的前卫运动，并且已经受到日益崛起的专制政权的威胁。这些专制政权极端保守。（当时）大部分建筑师采用更为传统、更流行的风格建造房屋，尽管从其他方面来看，他们的建筑也不乏创新。例如在纽约，帝国大厦和克莱斯勒大厦等装饰艺术风格的摩天大楼，在风格上它们完全忽视了吉迪恩所热衷推广的欧洲现代主义。尽管如此，在吉迪恩的世界观中，现代主义才是最重要的。它或许不是现在的流行风格，但它会是未来的风格，注定最终会战胜保守主义势力。换句话说，它代表了时代精神。因此作为一名历史学家，他的任务就是从往昔当中找出现代主义

20 世纪的建筑历史，在很大程度上偏向于欧洲现代主义。然而，大部分的重要建筑——例如，纽约的克莱斯勒大厦和帝国大厦——根本就不属于现代主义。历史总是有选择性的，并且它同时受作者所处的时代以及它所描写时代的双重影响，两者不相上下。这一点无法避免，但我们必须意识到它。

的根源；而通过使用他的目的论方法，吉迪恩毫不费力地做到了这一点。回顾 19 世纪的建筑，他认为各式各样的风格复兴并不重要，尽管它们塑造了几乎所有的公共建筑。它们都是"短暂因素"，"缺乏永久性的东西，并且无法依附于一个新的传统"。重要的是隐藏于社会和技术变革之下的暗流："建造方式的新潜能，工业的批量化生产，以及社会组织的变化"。这些才是"构成因素"，它被定义为"那些趋势，当它们受到压制，将不可避免地会再次出现"。[4]

这是一类奇怪的历史观。吉迪恩的目的论似乎在两个方向上都起作用——它既是一种看待过去的方式，也是一种对未来的预测。他坚信现代主义最终毫无疑问将取得胜利，因此它代表了真正的时代精神。关于过去，唯一重要的事情是那些潜在的潮流，它们孕育了当下并注定会延续至未来。钢筋混凝土框架结构的发展正是这样一种潜在的潮流；另一方面，各类风格复兴则是一个死胡同。整座哲学和历史的大厦都建立在一个简单的断言之上，即现代主义最终将获得胜利，尽管在当时看上去这似乎不太可能。但请注意，现代主义与框架结构的构成因素两者之间的关联性，实际上非常值得怀疑。那些非现代主义风格的纽约摩天大楼充分利用了框架结构，如果不用它，确实无法建造起来。

吉迪恩认为，文化和社会中的某些趋势或潜能注定会实现——换句话说，原则上未来是可以预测的。对于吉迪恩的观点，哲学上存在根本性的异议。哲学家卡尔·波普尔（Karl Popper）③ 在一本名为《历史主义的贫困》（*The Poverty of Historicism*）的书中，为历史是不可能预测的观点提供了一种实际的逻辑证明。他论证的实质在于：

> "如果存在人类知识不断增长这种事，那么今天的我们便无法预测只有明天的自己才可能知道的事情。"5

如果我们能够预测未来的知识，那么我们就已经拥有了它。人类甚至不需要去发现任何新事物，那么整个知识领域，尤其是科学，将变得毫无意义。这一论证的含义在于，黑格尔式的历史观是一种幻想。如果说预测历史是不可能的，那么这种观点即历史将遵循特定模式——例如，生长和衰退——也就受到质疑，因为它意味着一种回顾性预测。只有当我们知道它确实发生了，我们才会说"这注定要发生"。如果发生了什么不同的事情，我们可能会说这是不可避免的。波普尔将这种历史观称为"历史主义"，不要将它与建筑领域中使用的"历史主义"混为一谈——那是指旧风格的复兴。他的批评主要是针对马克思主义式的历史解释。历史主义遭到的一个明显质疑就是，它否认自由意志的可能性。如果历史已经为我们选择好了，那么选择做这一件事而不是那一件事又有什么意义呢？然而，波普尔的批评对于建筑史也有重要意义。对于相信时代精神而言，相信命运是必不可少的。一种精神必须随着时间的推移保持一种特定性格，才能成为一个可靠的实体。如果在任何时候，时代精神的出现都有可能采取不同的路线并表现出不同的特征，那么"时代精神"的存在本身就会遭受质疑。如果"时代精神"是一个毫无意义的词语，那么它让建筑及其表达的那种时代精神的职责又该何去何从呢？

突然间，建筑的历史作用变得让人难以信服。例如，现代主义真的就是现代精神的真实表达，还是说我们被吉迪恩的宣传所迷惑了？有人可能会争辩，现代主义胜出这种观点仅仅从狭隘的建筑史学科的角度看才算成立。建筑通史往往给人的印象是，现代主义是 20 世纪

---

③　波普尔是近代西方著名的历史哲学家，一名反决定论者。波普尔认为历史是没有规律的，无法预测，进而认为历史主义是"贫困"的。他的观点集中体现在著作《历史主义的贫困》（1957 年）中。

佛罗里达州的庆典社区是由迪士尼公司开发的一个新社区。这些住宅的大部分设计都不属于我们通常所说的"建筑"这一文化领域。"非建筑"或"大众型"住宅通常采用美国人所说的那种"怀旧"风格。似乎在大众的心目中，建筑与历史仍然不可分割。

唯一重要的风格。客观地说，情况远非如此。如果我们以某种方式对 20 世纪发达国家建造的所有房屋进行一次全面调查的话，我们会发现，其中只有很小的一部分房屋能够合理地被称为现代主义建筑。大部分的大众住宅——例如，美国郊区的木质住宅——在风格上完全是传统的，并且从统计数据来看完全压倒了现代主义。而在整个 20 世纪，重要的公共建筑仍旧是以源自古典的和哥特式传统的风格来建造。例如，组成纽约林肯中心（Lincoln Center）的几座建筑，包括 1966 年由华莱士·哈里森（Wallace Harrison）设计的大都会歌剧院（Metropolitan Opera House），与现代主义相比它们肯定更接近古典。

艺术经典

　　事实上是，建筑史——就像任何其他门类的历史一样——具有极强的选择性，并且常常在意识形态上存在偏见。这种偏见往往因重复而加剧。历史学家会为特定时期、特定国家或特定风格选择代表性的案例，它们重复出现在之后的历史当中，形成一个固定名录，人们称

之为"艺术经典"。建筑会出于各种原因载入史册——由于它们的建筑质量非常高，由于它们具有创新性、典型性或独特性，由于它们符合某些偏见，或者仅仅是因为历史学家、记者或摄影师恰好碰到它们。为什么载入史册就应该意味着获得了历史的认可？这并没有什么合乎逻辑的理由，但现实就是如此。一座糟糕的建筑或一座优秀的建筑都有可能代表一个时期，然而历史学家通常更喜欢做出礼赞而非诋毁。这些经典名录也并非一成不变。这些案例时而受人追捧，时而无人问津。例如，一直到 20 世纪 60 年代，现代主义建筑的缔造者——包括希格弗莱德·吉迪恩在内——都倾向于忽略所有维多利亚式建筑，理由是它们从根本上就被误导了。因此，许多精美的建筑都被忽视，有些甚至遭到损毁。如今，品味的钟摆已经摇晃到了另外一端。像威廉·巴特菲尔德（William Butterfield）、G.E. 斯赘特（G.E.Street）以及诺曼·肖（Norman Shaw）这样的建筑师则被视为仍然值得我们学

纽约林肯中心是现代风格，但肯定不属于"现代主义"。本质上它还是古典的。对某些人来说，其风格需要端庄得体，就好比打扮得整整齐齐去歌剧院看戏；而对于其他一些人来说——尤其是那些前卫建筑师——这种风格既古板乏味，又华而不实。

习的大师，他们的建筑已经正式载入史册。

经典作品或许并不够完美而且缺乏代表性，但它仍然是有用的。它为相关建筑的讨论提供了必要的共同参照点。当建筑专业的学生将他们的设计作品贴在墙面上，供老师和同学们批评的时候，类似的比较肯定少不了。比如，一种特定的空间布局会被拿来与一座著名建筑中类似的布局进行比较。如果该学生在历史课上一直专心听讲，他（或她）便能够理解此批评，并从中获益。

作者身份的概念

但我们必须小心"经典作品"存在的一定程度的"畸变"。成为经典的最重要标准之一，便是相关建筑师的声誉。一旦某位建筑师在历史（文本）中有过首次亮相，这位建筑师再次出现的可能性就会大大增加。也有少数建筑师仅凭单个建筑作品而闻名——我想到了彼得·埃利斯（Peter Ellis）在利物浦创作的奥里尔会所（Oriel Chambers）④——但大多数著名建筑师都会有几座代表性的建筑作品。另外，还有一些建筑师的名望很高，以至于任何归属他们名下的作品都会自动成为"历史性的"。这些人是建筑史中的"形式赋予者"和"天才"。而这其实也是一个问题。"归属"这个无辜的词，掩盖了一个棘手的历史和哲学问题：作者身份问题。

像建筑这样的大型而复杂的艺术作品，将它归属于单独一位作者，真的可以吗？我们或许可以自信满满地说，这幅画是某位画家绘制的，或者这首诗是某位诗人创作的，但建筑却不同，即便是最简单的建筑也肯定有好几个人共同参与设计。客户的需求本身也属于设计的一部分——如果不是客户最初设想了建筑存在的可能性并提出项目的基本要求，也就不可能形成现在的结果。然后是所有的设计顾问——结构工程师、机械工程师、造价师，更不用说建筑承包商了——他们的建议不可避免地对建筑师的设计构成影响，有时候甚至极为关键。同时，我们还必须将建筑师事务所的规模与组织情况考虑在内。通常来说，建筑师会以草图的形式设计他们的房子，然后将草图交付给助手去完成最终的、可建造的设计图纸。但是由助理人员从

---

④　奥里尔会所是世界上第一座采用金属框架玻璃幕墙的建筑。建筑位于英国利物浦市政厅附近的沃特街（Water Street），由建筑师彼得·埃利斯设计，于1864 年建造。

草图开始设计建筑，责任建筑师只进行整体把控并为项目负责，这种情况也不少见。从更广泛的意义上看，作者身份的概念也值得商榷。许多建筑都涉及砌筑砖墙。而单独一位建筑师，在多大程度上可以宣称自己拥有这一道砖墙的创作权？建筑师也许确定了砖墙的轮廓和尺寸以及某些细节，例如花式砌法；但原则上砖墙已经是设计好了的，不是由单个作者而是由众多不具名的作者所设计，共同构成一种具有上千年历史的建筑传统。

传统本身也是一种意义上的作者。在文学批评当中也存在类似的观点。当哲学家罗兰·巴特在 1968 年发表的一篇著名文章中写到"作者之死"（The Death of the Author）的时候，他说写作就是"声音的毁灭，就是创始点的毁灭"。[6] 他的意思是，文学作品并非源于个别作者的思想，而是源于语言本身——语言是一个古老的、不断变化的领域，充满可能性；作家与读者在该领域中合作创造出意义。他想要摆脱那种试图通过参考作者的生活细节来"诠释"艺术的文学评论方式。对于巴特来说，执笔写作的人并不能称之为作者；就一位独立的、有创作性的艺术家而论，他顶多是一位"编剧"，一个意义的传递者而绝非创造者。这位编剧就像是一个部落社会中的萨满。他们绘声绘色地讲述传统故事，但对这些故事他们并不承担任何责任也不认为自己有功劳。将它与建筑进行类比并不算完美，但它仍然有助于我们更清楚地看到建筑设计所涉及的复杂性，看到它是如何从其创作环境——设计者、物质和文化背景、可用的材料与技术——当中诞生的，而不是一个单独的创作者动动脑子就可以实现。它让我们从不同的角度看待建筑史，作者身份在其中起着重要的作用，创造并统治着经典的殿堂。

勒·柯布西耶便是那样的天才建筑师之一，他的每一件作品都会自然而然成为经典，即便是像飞利浦馆（Philips Pavilion）这样的小型临时建筑也一样——该建筑出现于 1958 年布鲁塞尔世界博览会。这座展馆采用混凝土帐篷式的造型，参观者成群结队地聚集于其中长达数分钟，共同观看一部名为《电子诗》（Poème électronique）的多重投影幻灯片。无论是这座建筑，还是《电子诗》都是由勒·柯布西耶的事务所设计。然而很明显，它们并非由勒·柯布西耶本人设计。这座建筑其实是勒·柯布西耶的助手伊安尼斯·谢纳基斯（Iannis Xenakis）设计的。谢纳基斯后来声名远扬，不过这是在他放弃了建筑，转而作为一名前卫作曲家大获成功之后的事。当然，我们也不应该忘记结构工

1958 年布鲁塞尔世界博览会上的飞利浦馆，凸显了建筑中作者身份的问题。这座展馆已成为一本长篇专著的主题，以及一场有关勒·柯布西耶展览的核心内容。然而，它并非出自柯布西耶之手，也算不上什么伟大的作品。将建筑创作归属于单一作者的名下——尤其是当他们的身份类似勒·柯布西耶这样的"天才"建筑师时——这种惯性的做法是有问题的，它通常会歪曲建筑历史与建筑评论。

程师 H.C. 杜伊斯特（H.C.Duyster）对设计的贡献，他为该帐篷设计了创新性的、钢索应力预制混凝土"结构"。《电子诗》是由编辑让·伯蒂（Jean Petit）和电影制片人菲利普·阿戈斯蒂尼（Philippe Agostini）采用勒·柯布西耶档案中的图像创作而成。声音部分是由作曲家埃德加·瓦雷兹（Edgard Varèse）负责，但如果没有音响工程师威廉·达克（Willem Tak）的协助，他永远也无法实现自己的音乐愿景。以上所有这些信息均出自建筑史学家马克·特雷布（Mark Treib）撰写的一本有关飞利浦馆的书。该书有 282 页，出版于 1996 年。[7] 如果不是勒·柯布西耶的关系，绝对不会有人对这样一座相对微不足道的建筑展开如此详细地研究。具有讽刺意味的是，该研究所揭示的最有趣的一点是，该展馆创作权的归属问题有误。客观地讲，飞利浦展馆并非什么伟大的作品。事实上，它是一次失败的尝试。它推迟了一个月才开幕；其笨拙的形式并不适合作为礼堂来使用；它的结构过于复杂而且过于昂贵；当面对《电子诗》中明显随机出现的图像序

列——一场核爆炸、一张孩子的脸、一头公牛的轮廓、一系列由勒·柯布西耶设计的城市方案——参观者只会感到一脸茫然。尽管勒·柯布西耶所参与的创作部分微乎其微，但它仍在建筑史上占据一席之地。就在利物浦举办的 2008 年勒·柯布西耶作品展览现场，飞利浦馆的建筑模型依然是人们关注的焦点。[8]

作者身份的起源

既然我们已经开始质疑作者身份的概念，那么追问它起源于何时何地似乎合情合理。研究传统的建筑编年史可以给我们提供了一条线索。当它们介绍中世纪时，其案例通常是依据风格来分组——例如，各式各样的英国哥特式建筑，从早期"英式风格"经过"盛饰式风格"再到"垂直式风格"。然而当它们讲到 15 世纪初期时，注意力转移至意大利——据说那里正兴起所谓的"文艺复兴"运动——突然间，这一体系发生了改变。建筑案例开始按照建筑师或创作者进行分类，而这些都是真正意义上的作者，都是个体的人——其传记细节众所周知。这种分类的一个重要历史来源便是乔尔乔·瓦萨里（Giorgio Vasari）⑤ 的《最优秀的画家、雕塑家和建筑师的生活》（*Lives of the Most Excellent Painters, Sculptors and Architects*）一书，首次出版于 1550 年。书中记载了 178 位艺术家的传记，其中包括许多文艺复兴时期重要的建筑师，如伯鲁乃列斯基、阿尔伯蒂、伯拉孟特、拉斐尔、圣索维诺、佩鲁齐、安东尼奥·达·桑迦洛、朱利奥·罗马诺以及米开朗基罗等。

如今，我们确实也知道了许多中世纪建筑师的名字。例如我们知道，位于桑斯（Sens）的威廉设计了坎特伯雷大教堂（Canterbury Cathedral）的圣坛；而且在 200 年之后，亨利·耶夫勒（Henry Yevele）和斯蒂芬·洛特（Stephen Lote）设计了教堂中殿部分。但我们不会对这些人顶礼膜拜，也不会称赞他们为像阿尔伯蒂、拉斐尔或米开朗基罗那样的天才。我们甚至并不承认他们属于现代意义上的建筑师。他们是建设者，他们实践的基地是泥瓦匠的院子，而不是工作室。对于像作者身份起源这样复杂的历史问题，进行粗略概括是极不稳妥的；

---

⑤ 乔尔乔·瓦萨里（1511—1574 年）是 16 世纪的意大利画家、建筑师和传记作家。他最著名的作品是关于意大利艺术家生活的三卷本作品，叫作《最优秀的画家、雕塑家和建筑师的生活》（首次出版于 1550 年）。该书是西方严格意义上的第一本艺术史著作。国内中译本系列图书系列名为《意大利艺苑名人传》。

但似乎有理由假设，这一概念正是在文艺复兴时期得到充分阐述，并开始应用于建筑。这肯定与建筑的其他发展不无关系，例如远古的古典主义形式复兴以及"设计"（意大利文，disegno）理念的出现。中世纪建筑的形式源于砖石建造技术的发展；而文艺复兴时期的建筑形式，则是通过学术研究以及一种初步的考古学方式，从过去借鉴而来。文艺复兴时期的建筑形式与建造之间的关系更为松散，更加随意。这是建筑从建造当中解放出来的开始；也是如下这种理念的开始，即建筑作为一门艺术并且它可以由个体艺术家——画家和雕塑家——来执行，而不是工匠。

　　建筑与历史之间的关系是复杂的。建筑能够经久不衰。它们显而易见并且无法被忽视，是过往时代遗留下来的幸存物。它们就像时间的旅行者，就像来自过去的访客，我们对其盘根问底以了解过去的情况。另一方面，我们也在建造房屋，我们建造的房屋代表了我们，是为我们自己和未来（两者或许是同一回事）建造的。当我们建造的时候，我们确认了我们是谁，对我们来说什么才是重要的，以及我们希望自己如何被铭记。历史对我们非常重要，无论是从我们的过去还是我们对过去的看法哪一种意义上看，建筑都涉及我们的自我认知。它代表了一种文化的延续性，即使这种文化试图抛弃过去，只相信物质方面的进步。建筑师之所以要研究建筑史，并非纯粹出于现实原因——有助于他们完成设计——而是因为建筑史属于建筑技艺不可或缺的一部分。历史上的经典是一个并不完美的事物，充满了歪曲与不公，特别是那些由存疑的作者身份概念以及更让人怀疑的天才概念所创造出来的东西。尽管如此，它仍然是有用的，也的确不可或缺。缺少了它，建筑将失去与历史的特殊联系；正是得益于这种联系，建筑获得了其文化的深度与批判的深度。

原文引注

1　参见 Georg Wilhelm Friedrich Hegel, *The Philosophy of History*, J.Sibree, trans., Dover Publications, 1956.

2　Sigfried Giedion, *Space, Time and Architecture*: *The Growth of a New Tradition*, Oxford University Press, 1967, p2.

3　ibid. p5.

4　ibid. p18.

5　Karl Popper, *The Poverty of Historicism*, Routledge &Kegan Paul, 1957, Preface.

6　Roland Barthes, 'The Death of the Author'in Stephen Heath, ed., *Image, Music, Text*, Fontana, 1984.

7　Marc Treib, *Space Calculated in Seconds*: *The philips Pavilion*, *Le Corbusier*, *Edgard Varese*, Princeton University Press, 1996.

8　参见 *Le Corbusier*: *The Art of Architecture*, Alexander von Vegesack, ed., Vitra Design Museum, 2008.

第 8 章 城市
The City

古罗马的时间旅行者无疑会对今天的罗马城感到震惊。不过，一旦他从震惊中恢复过，就会认出他所知道的这座城市的某些特征——某些道路、纪念性建筑以及开放空间。城市经久不衰，它们是一个社会的集体记忆，这些记忆赋予城市稳定性和连续性。这就是"纪念性的"这个词的真正含义。

　　城市会延续数百年，甚至上千年时间。按照传统的说法，罗马城建于公元前 753 年。它不仅仍矗立于世，依旧生机勃勃，并像以前一样运作自如。如果我们把古罗马人带到 21 世纪的话，他们恐怕会被现代城市吓得魂飞魄散。不过，一旦他们从震惊中恢复过来，就会认出现代城市中的某些部分，不仅有古罗马广场（Forum）或帕拉蒂尼山（Palatine Hill）保留下来的残垣废墟，还有普通的街道、街道的走向与连接方式，街道与七座山以及通往罗马城外古老道路之间的关系。城市与时代以及与人类的记忆有着一种特殊的关系。从某种意义上说，城市是一个人造物。然而，城市的复杂性以及城市历史的深度使它看上去更像是某种自然的产物——它的街道、广场和标志物像河流、森林与丘陵。我们可以修筑河流，可以将森林和山丘夷为平地，但我们也会因此产生一种失落感。因为这样做其实是在摧毁我们自己的过去，无论这个过去是个人的还是集体的，它制约了我们的生活，也滋养了我们的成长。城市是"具有纪念性的"，并非像一座教堂或市政厅那样出于宏伟或壮观层面的考虑；从某种意义上讲，它们体现了记忆与联想。"monumental"（纪念性的）一词来自拉丁语 monere，意思是提醒或警告。城市提醒我们，不要忘记我们个人的历史，以及我们生活所在的社会的历史。换句话说，城市让我们清楚地认识我们自己。

位于卢卡的圆形剧场广场之所以得此名称，是因为这里曾有一座古罗马城镇的圆形剧场。其椭圆形的平面形式被留存了下来。在其周边，罗马城墙的一些残垣断壁已经融入日常的居住与商业建筑当中。如今这些建筑围合出该广场空间。

不同的文化创造不同的城市形态。东京这条街上奇特的天际线源于当地土地所有权习俗。这种习俗鼓励人们保留小块的建筑用地。据说，东京的有形资产大约每 20 年就要全面审查一次。

这条那不勒斯的街道有如峡谷一般，这种街道在传统的欧洲城市形态中十分经典。街道、广场和庭院诸如此类的空间，像是从一个建筑实体当中开凿出来的。这里并不存在道路所有权或通行权的问题。街道就是一个明确的公共场所。

伦敦埃奇韦尔路（Edgware Road）两旁某些建筑的历史已经超过150年，然而这条街本身则要古老得多——古罗马人曾称它为沃特林街（Watling Street）。如此说来，古罗马街道并非作为一种物质实体延续下来，而是成为一种虚拟的存在——一条线、一个方向、一种人类的习惯。令人惊讶的是，欧洲城市当中竟然留存下这么多古老的虚拟存在物，尽管它们并不具备明显的现代功能。我们将罗马的纳沃纳广场（Piazza Navona）视为一个巴洛克风格的空间，由贝尼尼创作的四河喷泉（Four Rivers）以及博罗米尼（Borromini）设计的圣阿涅塞教堂（Church of St Agnese）在这个空间占主导。但为什么这座广场的形态又长又窄呢？因为这里自古以来就有一块狭长的空地，当年它被称为图密善竞技场（Stadium of Domitian），用来举办战车竞赛以及其他暴力的公共表演。几乎每一座古老的意大利城市当中，都会有类似的古迹。走在佛罗伦萨圣十字广场（Piazza Santa Croce）以西的狭窄街道上，你会遇到一条奇怪的弯曲道路，称为苯塔科迪街（Via di Bentaccordi），它勾勒出了一座消失的古罗马圆形剧场的外轮廓。然而就在附近的卢卡（Lucca）小镇，古老的圆形剧场形式保存得更好。在这里它以圆形剧场广场（Piazza Anfiteatro）为名，现在则是城市众所周知的主要公共开放空间。古罗马城堡或军营的平面都是标准化的，其南北走向的街道（Cardo）与东西走向街道（Decumanus）在中心位置形成一个十字形的交叉路口；在欧洲和中东各地的城市街道地图中，这种平面仍然清晰可见。

在城市当中，旧的建筑会被拆除，新的建筑则取而代之；然而街道和公共开放空间往往会被保留下来。我们可以将城市想象成一种虚拟结构的矩阵，在不同的时间尺度上自我更新。矩阵中首先出现的是街道平面，街道极为古老而且相对永久，只有在特殊情况下才会改变。例如，奥斯曼男爵（Baron Haussmann）在19世纪巴黎狭窄街道的基础上拓展出了林荫大道。其次出现的是建筑。有些建筑经久不衰而且具有纪念性意义，有些建筑会被体制创新与技术变革所取代，就像20世纪60年代伦敦建设的写字楼，仅仅存在了30年左右的时间就被拆除了。再次，是建筑的室内部分。尤其是办公与商场这一类的商业建筑，可能每5年或每10年就要进行翻新；随着时间的推移，例如住宅中的家具，商店里的货物，人行道上的新闻布告，这些可能每天都在发生变化。

文化不同，城市的变化方式也会有所不同。在欧洲城市中，土地所有权的模式往往是流动的。原本用以建设住宅的小块土地经常会被合并起来，以开发更大型的项目，例如写字楼、酒店、购物中心、皇家宫殿。而在日本，有关遗产方面的习俗和法律使城市更新倾向于保留原有基址的边界，这就意味着建筑发展的唯一途径只能向空中"生长"。在欧洲人眼里，这为典型的东京街道带来一种奇特的、挤扁了的形象——高耸而单薄的建筑簇拥在一起，而更新的、更高的建筑则让它们的老邻居相形见绌。这些街道的历史就书写在其建筑的外轮廓上，就像在一张图表或一幅柱状图中一样，一目了然。

城市的物理形态千变万化，以适应丘陵与河流等自然特征，以及更难以被定义的社会和文化因素。不过从某种程度上讲，城市也是标准化的。城市通常是由标准化的空间元素编织的一张网络，这些元素包括：街道、广场、公园、庭院、私人花园等。在古老的欧洲城市中，这些空间往往被明确界定出来，比如罗马或那不勒斯城市中心狭窄的街道，它们就像从高耸于其上的建筑一般的磐石当中开凿出来的一条条峡谷。这些街道毫无疑问是公共性的。从某种意义上说，由于街道彼此相连，因此它们构成一个单一的公共空间。这里没有缓冲区域，没有前花园或路旁草坪，不同于你可能会在郊区看到的那样。街道属于每一个人，当它们在十字路口或在一座教堂的前面展开时，便形成了广场——就像是一间客厅，周围建筑的外墙面成为它的装饰墙壁，喷泉、树木以及长凳是它的家具。有时候漫步于城市当中，我们或许会通过拱门瞥见一个小院子，它显然并不属于公共空间。它属于生活或工作在周围建筑中的人们，除非我们与这些人有业务往来，否则我们可能不该贸然进入。

传统城市形态

这种清晰的空间性与社会性是传统城市的特征。作为游客和观光者，我们喜欢这些蜿蜒的街道，这是千百年来对日常生活中的你来我往以及对人体尺度逐渐适应的结果。不过，或许最重要的是它们的辨识度，而非诗情画意。我们往往拿传统城市的街道与像纽约或芝加哥这类现代城市的棋盘式布局进行对比，实际上棋盘式的平面形式并不是什么新鲜事。例如中世纪法国南部的巴斯蒂德式（bastide）城镇，位于卡马格（Camargue）的艾格－莫尔特（Aigues-Mortes）；建于古罗马时期的军事定居点，正好就在佛罗伦萨或伦敦等城市地表之下；公

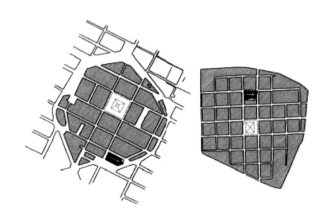

元前 5 世纪地中海的希腊殖民地；建造埃及金字塔的工匠们所居住的营地，全部都是棋盘式布局。曼哈顿可能并没有多少狭窄蜿蜒的街道，但它确实具有那种鲜明的特点——街道与建筑之间、公共空间与私人空间之间那种关系一清二楚——从这个意义上讲，尽管高楼林立，但它仍是一座传统城市。

20 世纪下半叶的城市理论家们一直对传统城市形态的清晰性充满兴趣。他们最喜欢的插图之一，便是一张细致入微而且相当精准的罗马地图，由建筑师詹巴蒂斯塔·诺利（Giambattista Nolli）绘制于 18 世纪。[1] 诺利的地图将建筑物，或者更确切地说是城市街区，用黑色方块来表示；以此作为背景来衬托它的街道和广场，用留白的形式表示，这种"图底关系"方法自此被用作一种分析工具。有趣的是，教堂内部的细节——包括柱子、壁龛以及侧旁的小礼拜堂——都以留白来表示；因为，作为公共空间，它们被视为名义上的外部空间。罗马的卫星照片证实了这幅地图的准确性，由于在过去的 300 年里（罗马的）城市中心几乎就没有发生过什么变化，因此作为一种导游辅助图它仍可以为游客提供方便。

诺利地图对城市理论家来说非常重要，因为对于现代主义建筑师和城市规划师的实践来说，它已成为一个重要的"反例"。在 20 世纪初，这些现代主义建筑师和城市规划师基本上拒绝了传统的城市形态。现代主义者并非将城市视为亘古不变的历史，而是把它仅仅当作一个设计方案。现代主义城市与传统城市的区别至少存在三个重要方面，其一：前者是由一系列独立建筑物集合而成，它们矗立于开放的诺利的罗马平面图对该城市的布局刻画得相当精准，而它竟然是在 18 世纪绘制的。由于该城市的变化非常小，所以这个平面图仍然可以作为旅游指南。请注意，教堂以及其他公共建筑的平面都用留白来表示好像它们均属于外部空间一样。

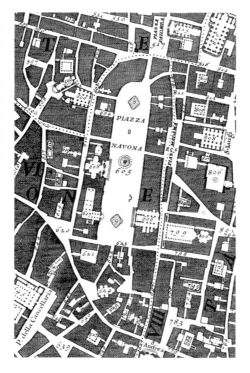

勒·柯布西耶的"当代城市"是一个富有远见的方案，设计的是一座拥有 300 万人口的城市。这是一座"预言之城"，而不是"记忆之城"。作为一个一应俱全的、完美的乌托邦式解决方案，它同时将自己与过去和未来隔绝开来。如果乌托邦已经被我们建立起来，那么接下来我们又该做什么？

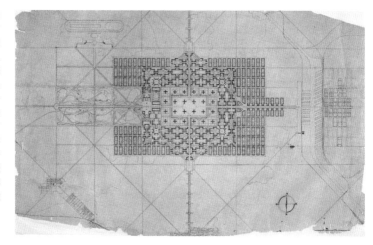

勒·柯布西耶的"瓦赞规划"——由一家汽车制造商赞助。该方案提议，将巴黎市中心玛莱区（现在游客最喜欢的区域）夷为平地，从而为一个棋盘式布局的摩天大楼群（高60层）腾出空间。

空间当中，而后者是一个坚实的体量，开放空间是从其中开凿出来的；其二：前者按照人类的使用或功能——家庭、工作、休闲等——分解为不同的区域，而后者让所有功能混杂在一起；其三：前者是一次性设计成一个完美的终极产物，而后者则是一种没有终点的开始。要想阐释上述观点，最好的案例并非是一座现实的城市，而是一个富有远见的方案，即勒·柯布西耶于 1922 年设计的"当代城市"（Ville Contemporaine）——一座可容纳 300 万人口的城市。[2] 从某种意义上讲，它是虚构的，一个遥不可及的乌托邦理想；尽管如此，它仍被细致地描绘出来，并对现实城市的发展产生巨大影响。其中央商务区由 24 座 60 层高的摩天大楼组成；商务区的周围环绕着豪华公寓楼，提供给技术精英和行政管理精英使用。再往外，是为工人设计的居住区；而城镇的边缘，则属于工业区。

显而易见，就在那些狭窄蜿蜒的街道已变成肮脏的贫民窟的时候，阳光明媚、空间开阔的"当代城市"——一座建设在公园里的城市——作为未来之愿景是多么熠熠生辉。不过，现代主义建筑师想要消解传统城市密集而凝固的体块，还有更深层次的建筑原因。新的功能主义旨在倡导空间的开放性。如果空间能以最佳的方式相互联系；如果健康的阳光和新鲜空气能够自由进入建筑，如果承重墙和坡屋顶等古老建筑技术能被遗弃，并用钢筋混凝土框架和自由平面取而代之，那么新的功能性建筑将需要更多舒展的空间。理想的现代主义建筑就是一座独立式凉亭，就像 1922 年勒·柯布西耶开始为富裕的客户设计的绝无仅有的纯粹主义住宅一样。为普通人设计这样的住宅是

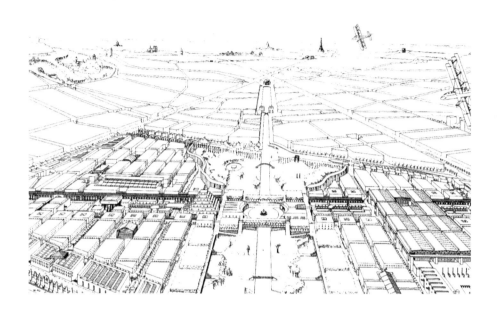

莱昂·克里尔于 1976 年为巴黎拉维莱特新城区设计的方案。乍一看，它就像勒·柯布西耶 20 世纪 20 年代富有远见的城市提案之一，甚至其绘制的风格都很相像。不过仔细观察之后则会发现，这个方案其实重申了传统的、具有纪念意义的城市形态的诸多优点。

不现实的。不过，联排式住宅和公寓楼同样能够从这一激进的反思当中受益，只要它们并未被囚禁于传统城市顽固不化的空间格局。如果有必要的话，老城市必须被拆除，从而为新城市建设腾出场地。1925 年，勒·柯布西耶展示了另一个富有远见的城市方案，名为"瓦赞规划"（the Plan Voisin）。这个方案设计并非是一座完整的新城市，而是巴黎市中心一处城区的更新。为了安置那些新建筑，（巴黎）最古老的城区，亦称玛莱区（Marais）——如今游客们最喜欢的区域——将被夷为平地。

40 年后，当勒·柯布西耶的愿景在世界各地的高层建筑当中部分实现时，建筑师与城市理论家开始为传统城市的逝去感到遗憾，并开始懂得欣赏它的优点。建设在公园当中的城市，事实上是一座建立在无形的、无任何文化意义的空地上的城市。它属于公共的，或者社区的，还是私人的？我们怎么能知道？

传统城市中城市形态与社会形态之间的紧密对应关系遭到破坏，其导致的结果是边界不清与意义不明。建筑师开始重新寻求街道与广场空间的清晰度和包容性。后者似乎更为人性化，不仅体现在它的尺度和比例上，也体现在它的使用方式上——它将日常生活的各类活动聚集在一起，而不是将它们拆解为不同区域。

"当代城市"就像是一张抽象图表，形象地说明并强化了现代生活的碎片化特征。而传统城市形态的复兴，或许能将这些碎片重新组合起来，同时使遭受破坏的整体性得以修复。

《拼贴城市》（*Collage City*）一书出版于 1979 年，影响深远。在该书中，柯林·罗和弗瑞德·科特（Fred Koetter）将现代主义的"预言之城"与传统的"记忆之城"进行了对比。[3] 在预言之城这一部分，时间的流动被一种乌托邦式的视野凝固了下来，而这在实践中是无法实现的。"当代城市"是一项纯粹的发明，一个统一而抽象的解决方案，以应对纯粹的功能方面的问题。传统在其中没有任何作用，除了作为一种需要被克服的障碍。它与过去一刀两断，就像一个人失去记忆一样。由于完美无缺，它是不需要再改变的，从而也与未来割裂开来。在不破坏它的情况下，没有任何改变或改良的工作可以进行。就像一些令人不安的天堂景象，已别无选择，只能高唱赞歌，直到永远。一切乌托邦都有这个基本缺陷：当我们实现了乌托邦并举办一场盛大的派对庆祝我们的成就的时候，第二天早上我们仍需要从床上爬起来，继续过自己的生活。但是，还剩下什么生活可以过呢？在传统城市，即记忆之城，那里并没有最终的、完美的状态，只有一种可以回忆过去并对未来开放的连续状态。建筑有可能会被拆除和重建，但街道却一如既往。

说起来有点矛盾，在 20 世纪 60—70 年代对传统城市的复兴也是以富有远见的方案形式出现，例如莱昂·克里尔（Léon Krier）于 1976 年发表的巴黎北部拉维莱特区（La Villette）再发展提案。该提案采用方格网式的平面布局并搭配平屋顶建筑，乍一看，它与"当代城市"一样都有机械理性特征。同时，它具有那种清晰的品质——强调明确和封闭的空间，正如我们在诺利的罗马地图中所看到的那样。或许我们可以想象，它将如何改变。提案中建筑本身几乎是以图解的方式表示，就好像它们只是预先占据了一个位置，等待进一步深化设计。在现实世界中，对传统城市的热情一旦开始复苏，其后果必然更加碎片化。而我们可以从城市中心敏感地段的近代历史中清楚地看到这一点——例如，伦敦圣保罗大教堂（St Paul's Cathedral）旁边的主祷文广场（Paternoster Square）。这个古老的中世纪街区在 1940 年被轰炸摧毁，后在 20 世纪 60 年代初期被典型的现代主义方案所取代——当时现代主义风格备受推崇。方案采用写字楼的形式。这些写字楼以及一栋 16 层高的塔楼，松散地排布在一个步行平台上，步行

主祷文广场位于伦敦圣保罗大教堂的北侧。二战后，它以典型的现代主义风格获得重建。然而在 20 世纪 90 年代当它被再次重建的时候，传统的城市形态——包含街道和广场——再度出现。其效果无伤大雅，但平淡无奇。

平台下面是一座地下停车场。到了 20 世纪 80 年代，这些建筑都已过时，而且无人问津。随之而来的是一场漫长的争论，以便找到更好的方案取而代之。最终它采用了一套完全传统的方案，步行街和广场由大型写字楼明确界定出来——这些写字楼带有隐隐约约的古典风格——而建筑底层设置商铺。该方案整体效果相当平淡，几乎难以与古老的意大利经典案例相提并论。然而，传统城市空间的某种版本已经成功地取代了现代主义，这一点毋庸置疑。

机动化城市

因此，时间也是理解传统与现代主义城市形态的关键。不过，还有另一个与时间相关的因素，即速度。它可能更为重要。当城市中的一切都是以人类或动物的步伐移动时，街道的形状和尺度便与这种速度成比例。然而，汽车的出现改变了这一切。这不仅仅是交通问题——在古罗马时期，就曾出现过交通拥堵——它也是交通速度的问题，或者更确切地说是潜在的速度问题。据说，现在伦敦市中心的交通速度与一百年前相比并未增长，但机动车潜在的行驶速度已经大幅提升，这一事实为另一种城市形态的可能性开辟了道路。

欧洲城市传统的中心区域极为紧凑，恰恰是因为其经久不衰而且具有纪念意义的特点，从而得以抵抗潜在速度的提升所带来的变革效应。然而郊区情况就不同了，在20世纪的大都市——例如洛杉矶，占地1295平方千米——机动车几乎完全抹去了传统城市形态的一切蛛丝马迹。穷人仍然乘坐速度相对较慢的公共巴士，在洛杉矶的地面上穿行。就在同一个社区中生活和工作，甚至只需步行几个街区就有一个小型超市，这种生活的可能性依然存在。然而就在这些破旧的、缺乏围合感的街道之上，是一座更高速的城市——拥有高架的快速道路，富人们可以在主要商业场所的停车场之间快速往返，它们已经取代了传统的公共空间——而且人们再也不会依靠步行前往其他任何地方了。在洛杉矶这座城市，传统的城市形态已经无关紧要，因为距离已经被速度所取代。在城市中漫步的连续空间体验以及其中偶遇的一切可能性，则被一系列空间片段——家庭、办公室、商店、餐厅——所取代，它们被短暂割裂开，被那种舒适与危险相结合的奇特方式，也就是说以车代步的方式割裂开。这座城市已经被解体了，或者更确切地说，它是在一种预解体状态下建造的。在这种情况下，建筑没有什么纪念性的功能，也无需对其邻里负责。如果购物中心、电影院综合体以及快餐店都以不同的风格建造，那又有什么关系呢？反正它们从来都不能让人同时获得体验。它们是建筑发明出来的一些孤立容器，没有任何语境——时间或空间——来为它们赋予意义。

连续性和规模都是十分重要的概念。将洛杉矶这样的城市与威尼斯这样的城市进行对比，看上去近乎荒唐。它们也许几乎属于两个截然不同的星球。但这种对比也是有启发性的。威尼斯市内并没有机动车。它地处潟湖中心位置，与世隔绝。运河就是它的主要街道，只允许缓缓移动的"交通工具"，如贡多拉、水上巴士和驳船。一切都充满诗情画意。然而重要的是，这种慢节奏对于城市形态所造成的影响，使其完好地保留下它前工业时代的特征（如果只是为了促进旅游业的消费，那又是另一回事）。每个街区都包含运河、街道、教堂和广场（广场不仅是一个公共聚会场所，也是一个雨水收集场所。收集到的雨水排入广场中心的华丽水井中，而这个水井成为日常生活的象征性焦点）。每个街区的规模都按照它所容纳的社区大小进行适当调整。其控制因素是通常的移动速度，即步行速度。从街区边缘步行到洛杉矶的高速公路是一种城市形态还是一种反城市形态？建筑历史学家雷纳·班纳姆说，在高速公路上驰骋是"一种特殊的生活方式"。然而，在高架桥之下则是另一座城市。在这座城市里，穷人乘公共汽车出行，人们依旧有可能生活在一种邻里关系之中并沿着街道漫步。

威尼斯与洛杉矶的情况正相反。这是一座步调缓慢的城市，而机动车的缺席为它保留下与步行、泛舟速度相适应的街区尺度和密度。城市的基本组成部分——广场、运河、街道、建筑、桥梁以及古井——在一种空间的延续中彼此关联（它吸引了成千上万的游客，但那又是另外一回事）。

其中心位置需要花费的时间，就是该街区规模的衡量标准。移动速度制约着教堂、广场和水井等基本设施的规模和距离，从而创造出了城市形态——建筑物的高度、街道的宽度、居住密度等。为什么游客如此钟爱威尼斯呢？原因就在于，机动车的强制性缺席保留了城市的缓慢步调，它又从根本上保留下城市的人文特质。威尼斯的建筑单体在风格上相当多样——拜占庭式、哥特式、文艺复兴时期的古典式——但它们共同创造了一种连贯的形式，这本身就是一种公共的或集体的建筑风格，在上千年的时间里逐渐集合成型。这就是意大利建筑师、

城市理论家阿尔多·罗西在他最重要的著作《城市建筑学》这一书名
所表达的。对于这类建筑的任何增补，都必须承诺以不破坏它为前
提，才可能获得其中的一席之地。这与洛杉矶的情况正相反。在威尼
斯，没有人敢忽视这座城市的时间背景与空间环境。近年来，几乎没
有任何人敢在威尼斯大兴土木。

　　如果说威尼斯从根本上富有一种人文品质，这是否意味着像洛杉
矶这样的机动化城市本质上就是不人道的呢？这也未必。后者也同样
有其辩护者和欣赏者。例如，建筑历史学家雷纳·班纳姆（Reyner
Banham）便是这样一个人。他仰慕于洛杉矶高速公路及其导致的分
散式城市环境。他将这称之为"汽车极乐世界"（Autopia）。⁴ 在高速
公路上驾车驰骋，被他定义为"一种特殊的生活方式"。在 1972 年出
版的《向拉斯维加斯学习》一书中，罗伯特·文丘里、丹尼斯·斯科
特·布朗以及史蒂文·艾泽努尔（Steven Izenour）透露了他们对美国
机动化城市的暗恋，尤其是对其最重要的组成部分之一——路边商业
带的热爱。其中包括加油站、快餐店、汽车旅馆和超市，通常它们都
算不上什么正儿八经的建筑。受人尊敬的批评家和评论家，要么对它
们视而不见，要么将它们斥责为一种形式污染。彼得·布莱克（Peter
Blake）曾写过一本有关美国路边景观的书，书名为《上帝的垃圾场》
（God's Own Junkyard）。⁵ 然而对文丘里来说，一个加油站与一座威尼斯
宫殿一样让人兴致盎然，而且加油站与美国人的日常生活经验联系更
紧密。就像阿尔多·罗西构建的那套传统欧洲城市理论一样，文丘里
运用相似的概念和语言构建了一套路边建筑理论。这套理论将赌场比
作大教堂，将停车场比作凡尔赛花园，商业地带的不断蔓延则与罗马
广场的封闭围合形成了鲜明对比。诺利的罗马地图也在文丘里的讨论
之列。

　　不过，或许文丘里最重要的见解在于，他指出了 20 世纪城市形
态关键性的决定因素是速度与交流。简而言之，城市就是物体在空间
中——沿着道路排列——形成的景观，这些物体之间的距离则是由过
往车辆的行驶速度决定的。每一个物体或建筑物都必须吸引司机的注
意力，并诱导他们停靠。因此，建筑的关键部分在于其广告牌。它向
路人传达建筑里提供什么商品或服务，从汉堡快餐到快速婚礼仪式
等。相比之下，建筑功能部分的设计则显得不那么重要了。它可以简
单而且廉价，即便它是一座婚礼教堂。用文丘里的术语来说，建筑变
成了一个"装饰性的棚屋"。而这并不被看作是什么坏事。装饰性棚

屋的建筑传统历史悠久。至少从概念上可以这么讲，一座中世纪的大教堂也是装饰性棚屋的一种。教堂的西立面就像一个巨大且复合的广告牌——通过刻画圣经人物、圣者、魔鬼与怪兽这些形象——传达了有关这座建筑所经营的精神商品的复杂信息。这种牵强的比较，在文丘里的文风当中十分明显。但它也有一定的道理，尤其是当文丘里批判他所认为的正统现代主义建筑的沉闷特色时，它的批判力更强大。装饰性的棚屋被视为一种实用的、本土的、典型的美国形式，它源于边陲古镇简陋的木结构房屋。在这些小镇中，酒馆和警长办公室的建筑门面单调乏味，但要比对面的建筑高出一截，由此限定出了一条简易的街道。这种形式特别适用于一字排开的机动化城市，但需要做一点改动：即建筑门面必须与其主体分离，并旋转 90 度，以朝向迎面而来的车辆。现在这个门面变成了一个"图腾"，部分是以象征的方式但主要还是直接采用书面语言来传达信息——商标、价格、特价优惠以及代客泊车等。而建筑本身现在只是一个简易的棚屋。在内部，它可能会被装修成一间实用的零售店或一家豪华餐厅，但没有人会在意它的外观。等到它进入视野的时候，司机已经被路边紧邻的那个巨大图腾招牌所吸引。

数字技术、距离和时间

技术能改变城市，上述汽车的例子很好地说明了这一点。而数字技术则可能会对城市形态产生更为深远的影响。在现代世界中，距离几乎被消解，远近也不再是影响人类众多交易活动的一个重要因素。在此，我们不应该夸大数字通信技术的力量。它们所带来的变化主要是程度上的，而非类型上的——电子邮件只是一种投递得更快的信件而已。虚拟世界并不是什么新鲜事，一本小说也是一个虚拟的世界。然而，我们似乎正经历一场空间坍塌和一次物质溶解，从某种诡异的方式来看，甚至包括我们自己的身体。在日常生活中，我们所认识的人、一起工作的人，甚至是我们所爱的人，并不需要时不时地出现在我们面前。我们可以随时向他们发送电子邮件、用手机给他们打电话或在社交软件上关注他们以了解他们的最新动态。我们可以通过视频会议见到他们，或者在一个虚构的地方，比如现在流行的虚拟游戏世界。我们也可以在那里遇到一些陌生人，尽管我们不一定会看到他们真正的模样。当他们设置虚拟化身以代表自己时，他们或许会选择成为另一个人。所以人类个体的身份正变得不确定。不过话又说回来，身份这种事情什么时候又曾确定无疑呢？

城市所提供的是物质实体与近距离接触。它们就像机器一样促成面对面的会谈。或者它们属于那种市场，其近距离定价（the price of proximity）① 是固定的。时至今日，工作人员仍必须面对面交流，无论是在工厂还是办公室，在商店或者学校。我们必须为各种活动提供空间，它必须临近其他能提供相关服务的空间，并且它们之间必须要有实质性的联系。一家独自开设在旷野当中的商店，注定不会有什么生意；但如果位于一条商业街上，它就成了一个值得光顾的地方。这种毗邻经济（Economy of Proximity）是由实体边界和共享通道——建筑物与街道、图形与背景——共同界定出来的。如今，这一切都变得无关紧要。我们不再需要步行到城镇广场上购买柴米油盐，顺便打听新闻和八卦；我们可以通过互联网订购自己所需的物品，并打开电视观看滚动播放的新闻。那么，城市广场还有什么用呢？我们已经不再需要它了。很快，我们或许连商业区或购物中心也都不需要了。机械化工业和汽车开启了城市的毁灭之路，而数字化通信正在终结它。

法国哲学家保罗·维里利奥（Paul Virilio）② 描述了在 19 世纪的工业城市中，时间是如何开始优先于空间作为城市生活的组织原则。⁶ 工作被定义为一段时间（即工厂每天的三班倒，或办公室的朝九晚五），它成为生活的"城市中心"；然而，休闲时间和假期反而成为生活的"郊区"。反过来，现代城市的功能区东一块西一块——包括商业区、工业区和住宅郊区，这是时间在空间上的现实反映。每天上下班高峰期，空间和时间都要发生两次剧烈碰撞。不过在如今的数字时代，时间不再处于主导地位。即时性成了新的原则。就连白天与黑夜的自然区分，也被即时的全球通信消除了。在电脑屏幕上，正如维里利奥所说的，"所有一切总是已经存在"。随着宽带连接获得普及，机器人掌管了工厂，办公室的工作正转移回家庭。人类的工作究竟在何时何地完成，已经不再那么重要了。

这种空间和时间的动荡对建筑的影响又是什么呢？如果说空间是

---

① 荷兰研究者皮姆·克鲁恩（Pim Kroon）在研究报告 *The price of proximity* 中，探讨了公司基于办公地点与火车站距离的远近来决定支付的意愿及经济利益。

② 保罗·维里利奥（1932—2018 年）是 20 世纪 70 年代以来最富原创力的法国哲学家之一，同时也是著名的城市理论家、随笔作家。他曾著有《领土的不安》（1976 年）、《速度与政治》（1977 年）、《消失的美学》（1980 年）、《批判空间》（1984 年）、《事件的风景》（1996 年）等作品。

建筑的本质，那么本质上属于非空间的数字技术，必然会被视为对传统建筑形式的威胁。下面以远程监控问题，以及它对古老而普遍的城市形态——街道——所造成的影响为例。街道有许多明显的功能——让机动车通行、作为走廊连接相邻物业、作为步行长廊供商店橱窗展示商品——但它也有不那么明显的功能，比如预防犯罪。众所周知，犯罪行为通常发生在黑暗的小巷以及其他人烟稀少的城市空间中，那些地方没有人监管。而在繁忙的街道上则要安全得多，因为潜在的目击者太多，劫匪因此会有所顾忌。即便是在晚上，当购物者和玩乐的人群都回家了，街道仍然相对安全，只要有住宅的窗户面向街道就可能会有居民在那里守望。这是一种古老的监控方式，其监控效果依赖于空间的物理布局——也就是说建筑。不过，现在"监控"这个词所指的则是几乎遍布全城的闭路电视摄像头，而且连接到受监控的显示屏上——它们都位于秘密地点，并由一群专门的人员监管。请注意，这里已经发生了空间上的位移。这种触手可及的真实存在，即一位占据某个特定地点的警察，已经被一种隐秘的、虚拟的存在所取代。也就是说，一位安保人员可以同时监控十几个场所的电子屏幕。从公民自由的角度来说，不管我们如何评论这件事，它终将对整个城市空间，尤其是传统街道，产生侵蚀作用。如果我们有了监控摄像头，那还需要一条街道干什么？理论上说，建筑和建筑的入口是可以随机排列的——也许随意散布于一座"校园"当中——只要有充足的照明以及全面覆盖的监控摄像头。理论上说，只要对监控摄像头有一定了解便可以震慑住犯罪分子，并让其他人放心他们的安全。但这真的会带来安全感吗？安全感仅仅取决于认知，还是说它属于一个空间直觉问题？它是否依赖于身体的真实存在以及脆弱的体质？对于建筑师而言，这些都是重要问题。

　　数字技术对城市组织肌理往往会造成破坏，监控只是其中一种方式。城市建筑中形式与功能之间的关系远非那么简单明了，但当我们植入信息化手段之后，情况就变得更加不确定了。不仅功能性的建筑类型会变得不稳定，而且它们会完全融入那种极端的非空间领域——我们过去称之为"网络空间"。互联网也是一种城市，这座城市与物质属性和远近距离毫无关系。完完整整的一套公共建筑类型——传统城市的那些具有纪念意义的锚点——即图书馆、博物馆、市政厅、银行、证券交易所、学校、大学、购物中心，它们在互联网的便捷、可搜索、无空间差别的同时性当中均有所体现。（音乐厅、剧院、电影院和体育场馆这些场所则在很久以前就不得不通过广播、电视及其相关录音技术分享它们所提供的独特体验）面对如今虚拟化竞争的冲击，城市还能坚持多久？城市建筑——这种实体空间与毗邻优势的系统化组织——既作为一门艺术，又作为一种共享性的体验，它最终会消失吗？

哦，可能不会，原因很简单。至少在可预见的未来，人类依旧是具身化（embodied）的存在。我们只得借助自己的身体存活，除此之外，别无他处。身体是有形的，它们需要真实的、延展的空间才得以存在。它们还必须接受保护，免受这个星球上普遍存在的、有时充满敌意的环境条件的影响——换句话说，就是天气。这就是为什么人类过去居住在洞穴里，而如今我们建造人工洞穴。人造的遮蔽物，因为它们是由人类制造的产品，随即而且不可避免地具备了文化属性并且具备了实用性，建筑便这样诞生了。大多数建筑师都喜欢数字技术，而且很快就在日常实践当中运用它们。甚至有些建筑师对它们痴迷不已，开始想象它们代表了一种新的建筑，对应一种新型空间。人们认为，如果有像"网络空间"这样的东西，那么它必然需要组织，而且还有谁比受过建筑学教育的人更适合做这件事呢？过去的"纸上建筑"——所有那些像"当代城市"一样的前瞻性方案——都变成了当今的数字建筑。不过，这无疑是一种误解。我们从电脑中所看到的"空间"其实是一种幻觉，就像文艺复兴时期透视画中的空间一样。它迷惑了心智，然而对身体感知却毫无裨益。我们或许可以这样辩解，建筑与虚拟空间并非盟友，而是对手。建筑代表了具身化与情境性——即"存在于那里"——这是所有人类体验的基础，包括虚拟体验。

建筑与虚拟世界

通过一个简单的例子，或许可以澄清这一点。具有讽刺意味的是，当真实的实体城市正被数字技术取代和扭曲的时候，互联网的虚拟世界却充满了实体建筑的图像。在网络游戏《第二人生》（*The Second Life*）中，人们忙于为自己选择身份、结识朋友、经营企业、买卖东西、学习语言、出席美术馆和音乐会的活动，就像在现实世界中一样。你当然可以在互联网上的其他游戏平台做所有这些事情，但《第二人生》更具吸引力，因为它是（或者看上去像是）统一的和连续

在《第二人生》中，没有人真正地需要建筑。那里不需要躲避风雨，不需要抵抗重力，并不存在肉体的人，因此不需要满足身体上的舒适性。然而，"第二人生"的场景中却有许多建筑。尽管真实世界的城市，受到非空间化的数字技术的威胁；然而在虚拟世界中，人们依然执着于实体建筑的外表。

的。如果你想从语言学校前往美术馆，你不必在不同的网站之间切换，至少理论上是这样，你可以通过某种几乎就像空间一样的东西从一个地点"移动"到另一个地点。实际上，你可以将自己从一个地点"传送"到另一个地点，这与输入另一个网址或多或少是一样的，但错觉会告诉你，你仍处于同一个"世界"当中。而这种幻觉又是如何建立起来的呢？其实就是在虚拟世界中，再现现实世界的一些物理特征。因此那里会有陆地、海洋和天空，它们就在你期望看到它们的地方——抬头有天空，低头是大地——它们的颜色和纹理也都恰如其分。你几乎可以相信植物将在地上生长，雨水可能会从天而降。你的化身站在地面上，也会受到一种与重力极为相似的引力。那里有可视的光线，它似乎来自太阳或月亮，那里有白天也有黑夜，它们也以24小时为周期进行交替，与真实的昼夜一样。这个世界不仅仅是一张照片或一部电影，因为我们自己似乎能够在其中来回踱步。你可以说它只是一场电子游戏，但事实上这里并不存在规则、目标或关卡，而且任何人都可以加入其中；这似乎改变了它的状态，说服我们接受它作为一个切实存在的世界，如果算不上是一个真实的世界。对于某些人来说，它真实到足以长时间栖息，它真实到足以谋生，它真实到足以结婚并建造居所。

这个居所将会是什么样子的？它将如何设计？《第二人生》的建筑师又该考虑哪些因素？它们是否与现实世界中盖房子所面临的情况相同：当地的气候条件、可供使用的合适的建筑材料、给排水、能源效率、地基条件？答案是否定的。建筑师可以放心地忽略这些因素，因为这只是一个虚拟出来的家，就像童话故事中的家一样。在这里墙壁并不需要保温措施，因为这里并不需要保暖，也不需要避暑；事实上，这里就根本不需要墙壁，除非是为了保护"生活"在住宅当中的虚拟人物的隐私。当然也不需要屋顶，因为它从不下雨，而且实际上也无法感受到太阳的热量。那结构呢？同样，毫无必要。因为这里就不存在地球引力。事实证明，那种让物体停留于虚拟地面上的引力，是可以关闭掉的。《第二人生》中的所有人都可以自由自在地悬浮或飞翔。

事实上，在《第二人生》中建造房屋是没有必要的，那为什么有这么多人要这样做呢？而且为什么这些房子看上去与真实的建筑一模一样，也有墙壁、有屋顶、有地板、有烟囱、有门廊？出于同样的原因，这个虚拟世界也有大地和天空。因为这是一个为人类设计的环境，人类无法生活在抽象的空间中，即便这个空间是虚拟的。他们一定是感受到现实世界的阻力，而正是这种阻力定义了生活。在一个事物存在的首要条件似乎都已被消除的世界里，这些条件必须以某种表现形式重新创造出来。因此，便出现了这种自相矛盾的情况：当现实世界的城市遭受数字技术这种空间瓦解力量的威胁时，互联网中的城市却在拼命坚守那种物质性的、空间化的以及经久耐用的人类建筑。

原文引注

1　参见 http://nolli.uoregon.edu/

2　参见 Le Corbusier, *The City of Tomorrow and its Planning*, F.Etchells, trans., Architectural Press, 1971.

3　Colin Rowe and Fred Koetter, *Collage City*, MIT Press, 1978.

4　Rayner Banham, *Los Angeles: The Architecture of Four Ecologies*, Penguin Books, 1971, Chapter 11.

5　Peter Blake, *God's Own Junkyard: The Planned Deteriorationof America's Landscape*, Henry Holt, 1979.

6　参见 Paul Virilio, 'The Overexposed City'in *Rethinking Architecture*, Neil Leach, ed., Routledge, 1997.

参考书目
Bibliography

引言

Alexander, C., *Notes on the Synthesis of Form*, Harvard University Press, 1964.

Banham, R., *Theory and Design in the First Machine Age*, Architectural Press, 1962 (2001 printing).

Braham, W., Hale, J., and Sadar, J., eds, *Rethinking Technology: A Reader in Architectural Theory*, Routledge, 2007.

Harbison, R., *Thirteen Ways: Theoretical Investigations in Architecture*, MIT Press, 1997.

Hays, K. M., ed., *Architecture Theory Since 1968*, MIT Press, 1998.

Jencks, C. and Kropf, K., eds, *Theories and Manifestoes of Contemporary Architecture*, Wiley-Academy, 2006.

Koolhaas, R., *Conversations with Students*, Sanford Kwinter, ed., Rice University School of Architecture, 1996.

Koolhaas, R., et al, *Small, Medium, Large, Extra-large*, 010 Publishers, 1995.

Kruft, H-W., *A History of Architectural Theory from Vitruvius to the Present*, Philip Wilson Ltd, 1994.

Leach, N., ed., *Rethinking Architecture: A Reader in Cultural Theory, Routledge*, 1997.

Le Corbusier, *Towards a New Architecture*, Dover Publications, 1986.

Mallgrave, H. F., ed., *Architectural Theory, Volume 1: An Anthology from Vitruvius to 1870*, Blackwell, 2005.

Mallgrave, H. F., and Contandriopoulos, C., eds, *Architectural Theory, Volume II: An Anthology from 1871 to 2005*, Blackwell, 2008.

Mallgrave, H. F., Modern Architectural Theory: A Historical Survey 1673–1968, Cambridge University Press, 2005.

Nesbitt, K., ed., *Theorizing a New Agenda for Architecture: An Anthology of Architectural Theory 1965–1995*, Princeton Architectural Press, 1996.

Tafuri, M., *Architecture and Utopia: Design and Capitalist Development*, MIT Press, 1976.

第 1 章 再现

Benjamin, W., *Illuminations*, edited and with an introduction by H. Arendt, Fontana, 1992.

Hersey, G. L., *The Lost Meaning of Classical Architecture: Speculations on Ornament from Vitruvius to Venturi*, MIT Press, 1988

Pérez-Gómez, A., *Architectural Representation and the Perspective Hinge*, MIT Press, 1997.

Pevsner, N., *An Outline of European Architecture*, Penguin, 1963.

Sacks, O., *The Man Who Mistook his Wife for a Hat, and Other Clinical Tales*, Picador, 2007 (reprint).

Scruton, R., *The Aesthetics of Architecture*, Methuen, 1979.

Vesely, D., *Architecture in the Age of Divided Representation: The Question of Creativity in the Shadow of Production*, MIT Press, 2004.

Vitruvius, *On Architecture*, trans. R. Schofield, with an introduction by R. Tavernor, Penguin, 2009.

第 2 章 语言

Baudrillard, J., *Mass. Identity. Architecture: Architectural Writings of Jean Baudrillard*, F. Proto, ed., Wiley-Academy, 2003.

Broadbent, G., *Deconstruction: A Student Guide*, Academy Editions, 1991.

Derrida, J., Of *Grammatology*, Johns Hopkins University Press, 1976.

Derrida, J., and Eisenman, P., *Chora L Works*, J. Kipnis and T. Leeser, eds, Monacelli Press, 1997.

Eisenman, P., *Eisenman Inside Out: Selected Writings 1963–1988*, Yale University Press, 2004.

Eisenman, P., *Written Into the Void: Selected Writings 1990–2004*, Yale University Press, 2007.

Empson, W., *Seven Types of Ambiguity*, Pimlico, 2004.

Feibleman, J. K., *An Introduction to Peirce's Philosophy*, Allen and Unwin, 1960.

Hawkes, T., *Structuralism and Semiotics*, Methuen, 1977.

Jencks, C., *The Language of Post-Modern Architecture*, Academy Editions, 1991.

Jencks, C., *What is Post-Modernism?*, Academy Editions, 1996.

Jencks, C., and Baird, G., eds, *Meaning in Architecture,* Cresset Press, 1969.

Johnson, P., and Wigley, M., *Deconstructivist Architecture*, MoMA/Little Brown and Company, 1988.

Norris, C., *Deconstruction: Theory and Practice*, Methuen, 1982.

Norris, C., and Benjamin, A., *What is Deconstruction?*, Academy Editions, 1988.

Summerson, J., *The Classical Language of Architecture*, Thames & Hudson, 1980 (1996 printing).

Venturi, R., *Complexity and Contradiction in Architecture*, MoMA, 1977 (1998 printing).

Vidler, A., *The Architectural Uncanny: Essays in the Modern Unhomely*, MIT Press, 1992.

Wigley, M., *The Architecture of Deconstruction: Derrida's Haunt*, MIT Press, 1993.

第 3 章 形式

Alberti, Leon Battista, *The Ten Books of Architecture: The 1755 Leoni Edition*, Dover Publications, 1986.

Aristotle, *Physics, Books I and II,* William Charlton, trans., Oxford University Press, 1992.

Edgerton, S. Y., Jr, The Renaissance Rediscovery of Linear Perspective, Basic Books, Inc., 1975.

Evans, R., *The Projective Cast: Architecture and its Three Geometries*, MIT Press, 1995.

Evans, R., *Translations from Drawing to Building and Other Essays*, Architectural Association, 1997.

Le Corbusier, *The Modulor: A Harmonious Measure to the Human Scale Universally Applicable to Architecture and*

Mechanics, Birkhauser, 2000.

Padovan, R., *Proportion: Science, Philosophy, Architecture*, Spon, 1999.

Plato, *Timaeus and Critias*, trans. D. Lee, Penguin Classics, 2008.

Rowe, C., *The Mathematics of the Ideal Villa and Other Essays*, MIT Press, 1976.

Scholfield, P. H., *The Theory of Proportion in Architecture*, Cambridge University Press, 1958.

Wittkower, R., *Brunelleschi and 'Proportion in Perspective'*, 1954

Wittkower, R., *Architectural Principles in the Age of Humanism*, Academy Editions, 1998.

第 4 章 空间

Bachelard, G., *The Poetics of Space*, Beacon Press, 1994.

Foucault, M., *Discipline and Punish*, trans. A. Sheridan, Penguin, 1977.

Heidegger, M., *Basic Writings*, D. F. Krell, ed., Routledge, 1993.

Heidegger, M., *Poetry, Language, Thought*, trans. A. Hofstadter, Harper and Row, 1975.

Kahn, L., Louis Kahn: *Essential Texts*, R. Twombly, ed., Norton, 2003.

Lefebvre, H., *The Production of Space*, trans. D. Nicholson-Smith, Blackwell, 1991.

Merleau-Ponty, M., *Basic Writings*, T. Baldwin, ed., Routledge, 2004.

Norberg-Schulz, C., *Meaning in Western Architecture*, Studio Vista, 1980 (1986 printing).

Norberg-Schulz, C., Genius Loci: *Towards a Phenomenology of Architecture*, Academy Editions, 1980.

Pallasmaa, J., The Thinking Hand: *Essential and Embodied Wisdom in Architecture*, Wiley, 2009.

Pevsner, N., *A History of Building Types*, Thames & Hudson, 1976.

Porphyrios, D., *Sources of Modern Eclecticism: Studies on Alvar Aalto*, Academy Editions, 1982.

Tschumi, B., *The Manhattan Transcripts*, Academy Editions, 1994.

Wertheim, M., *The Pearly Gates of Cyberspace*, Virago, 1999.

第 5 章 真实

Bloomer, K., *The Nature of Ornament: Rhythm and Metamorphosis in Architecture*, Norton, 2000.

Brolin, B. C., *Architectural Ornament: Banishment and Return*, Norton, 2000.

Davies, C., *High Tech Architecture*, Rizzoli, 1988.

Davies, C., *Hopkins: The Work of Michael Hopkins and Partners*, Phaidon Press, 1993.

Frampton, K., *Studies in Tectonic Culture: The Poetics of Construction in Nineteenth and Twentieth Century Architecture*,

J. Cava, ed., MIT Press, 1995.

Hardy, A., *Indian Temple Architecture: Form and Transformation*, Indira Gandhi National Centre for the Arts, 1995

Laugier, M-A., *An Essay on Architecture*, trans. W. and A. Herrmann, Hennessey & Ingalls, 1977.

Loos, A., *Ornament and Crime: Selected Essays*, Ariadne Press, 1998.

Pugin, A. W. N., *The True Principles of Pointed or Christian Architecture*, Academy Editions, 1973 (reprint).

Ruskin, J., *Lectures on Architecture and Painting Delivered at Edinburgh in November 1853*, Smith Elder, 1855.

Ruskin, J., *The Seven Lamps of Architecture*, Dover Publications, 1989 (reprint).

Semper, G., *Style in the Technical and Tectonic Arts, or, Practical Aesthetics*, trans. H. F. Mallgrave and M. Robinson, Getty Research Institute, 2004.

Semper, G., *The Four Elements of Architecture and other Writings*, trans. H. F. Mallgrave and W. Herrmann,

Cambridge University Press, 1989.

Summerson, J., *Heavenly Mansions and Other Essays on Architecture*, Cresset Press, 1949.

第 6 章 自然

Balmond, C., *Element*, Prestel, 2007.

DeLanda, M., *Intensive Science and Virtual Philosophy*, Continuum, 2002.

Deleuze, G., *Difference and Repetition*, trans. P. Patton, Continuum, 1994.

Deleuze, G., *The Fold: Leibniz and the Baroque*, trans. T. Conley, Continuum, 2006.

Deleuze, G. and Guattari, F., *A Thousand Plateaus*, trans. B. Massumi, Athlone Press, 2004.

Fergusson, J., *An Historical Inquiry into the True Principles of Beauty in Art, More Especially with Reference to Architecture*, Longmans, Brown, Green and Longmans, 1849; paperback reprint Biblio Bazaar, 2010.

Leach, N., ed., *Designing for a Digital World*, Wiley-Academy, 2002.

Lynn, G., ed., *Folding in Architecture*, Wiley, 2004.

Panofsky, E., *Gothic Architecture and Scholasticism*, Archabbey Press, 1951.

Rudofsky, B., *Architecture without Architects: A Short Introduction to Non-pedigreed Architecture*, MoMA, 1964.

Simson, O. von, *The Gothic Cathedral: Origins of Gothic Architecture and the Medieval Concept of Order*, Routledge & Kegan Paul, 1962.

Spuybroek, L., ed., *NOX: Machining Architecture*, Thames & Hudson, 2004.

Steadman, P., *The Evolution of Designs: Biological Analogy in Architecture and the Applied Arts*, Routledge, 2008.

Terzidis, K., *Algorithmic Architecture*, Architectural Press, 2006.

Thompson, D. W., *On Growth and Form*, abridged edition J. T. Bonner, ed., Cambridge University Press, 1961.

Wright, F. L., *The Essential Frank Lloyd Wright: Critical Writings on Architecture*, B. B. Pfeiffer, ed., Princeton

Architectural Press, 2008.

Zevi, B., *Towards an Organic Architecture*, Faber, 1950.

第 7 章 历史

Anstey, T., Grillner, K., and Hughes, R., eds, *Architecture and Authorship*, Black Dog, 2007.

Barthes, R., *Barthes: Selected Writings*, introduced by S. Sontag, Fontana/Collins, 1983.

Barthes, R., *Image, Music, Text, S. Heath*, ed., Fontana, 1984.

Carr, E. H., *What is History?*, Penguin Books, 1964.

Davies, C., *Key Houses of the Twentieth Century: Plans, Sections and Elevations*, Laurence King, 2006.

Davies, C., *The Prefabricated Home,* Reaktion, 2005.

Frampton, K., Labour, *Work and Architecture: Collected Essays on Architecture and Design*, Phaidon Press, 2002.

Giedion, S., Space, *Time and Architecture: The Growth of a New Tradition*, Oxford University Press, 1967.

Hegel, G. W. F., *The Philosophy of History*, trans. J. Sibree, Dover Publications, 1956.

Kuhn, T. S., *The Structure of Scientific Revolutions*, University of Chicago Press, 1996.

Popper, K., *The Poverty of Historicism*, Routledge & Kegan Paul, 1957.

Treib, M., *Space Calculated in Seconds: The Philips Pavilion, Le Corbusier, Edgard Varèse*, Princeton University Press, 1996.

Watkin, D., *Morality and Architecture*, Clarendon Press, 1977.

Watkin, D., *Morality and Architecture* Revisited, John Murray, 2001.

Watkin, D., *The Rise of Architectural History*, Architectural Press, 1980.

第 8 章 城市

Augé, M., *Non-places: Introduction to an Anthropology of Supermodernity*, Verso, 1995.

Banham, R., *Los Angeles: The Architecture of Four Ecologies*, Penguin, 1971.

Benedikt, M., ed., *Cyberspace: First Steps*, MIT Press, 1992.

Blake, P., *God's Own Junkyard: The Planned Deterioration of America's Landscape*, Henry Holt, 1979.

Koolhaas, R., *Delirious New York: A Retroactive Manifesto for Manhattan*, 010 Publishers, 1994.

Krier, L., *Léon Krier: Architecture & Urban Design 1967–1992*, R. Economakis, ed., Academy Editions, 1992.

Le Corbusier, *The City of Tomorrow*, Architectural Press, 1971.

Mitchell, W. J., *City of Bits: Space, Place, and the Infobahn*, MIT Press, 1995.

Rossi, A., *The Architecture of the City*, MIT Press, 1982.

Rowe, C., and K., Fred, *Collage City*, MIT Press, 1978.

Sitte, C., *City Planning According to Artistic Principles*, trans. G. R. and C. Crasemann Collins, Phaidon, 1965.

Venturi, R., Scott Brown, D., and Izenour, S., *Learning from Las Vegas: The Forgotten Symbolism of Architectural Form*, MIT Press, 1977